工学结合·基于工作过程导向的项目化创新系列教材

国家示范性高等职业教育土建类“十二五”规划教材

十二五

建筑工程实训案例图集

JIANZHU

GONGCHENGSHIXUN ANLI TUJI

>>>主　编　邵荣振　张子学

米　帅

>>>副主编　倪　超　薛　杰

纪茂全

>>>编　委　白翼飞　卢晓莉

张　丽　钱雨辰

華中科技大學出版社

http://www.hustp.com

中国·武汉

内容提要

本书依照教育部关于高职高专教育土建类专业相关课程教学的基本要求的相关精神编写而成，所有参加编写的人员均有较为丰富的教学经验。结合职业教育人才的培养定位，本着“必需、够用”的原则，本书精选了卫生院、办公楼两个工程实例。其中，两套图纸汇集了砖混、框架、剪力墙等结构类型，可以满足工程识图、工程结构、建筑构造、施工组织设计、项目管理等课程的教学需求。

为了方便教学，本书还配有教学资源包，任课教师和学生可以登录“我们爱读书”网(www.ibook4us.com)免费注册下载，或者发送邮件至 hustujian@163.com 免费索取。

本书可作为建设工程相关专业实训用书，也可作为岗位培训教材或供建设工程相关人员的学习用书。

图书在版编目(CIP)数据

建筑工程实训案例图集/邵荣振，张子学，米帅主编. —武汉：华中科技大学出版社，2014.8(2019.9 重印)
ISBN 978-7-5680-0344-5

Ⅰ.①建… Ⅱ.①邵… ②张… ③米… Ⅲ.①建筑制图-高等职业教育-教材 Ⅳ.①TU204

中国版本图书馆 CIP 数据核字(2014)第 183147 号

建筑工程实训案例图集

邵荣振 张子学 米帅 主编

策划编辑：康 序
责任编辑：康 序
封面设计：李 嫚
责任校对：封力煊
责任监印：张正林
出版发行：华中科技大学出版社(中国·武汉) 电话：(027)81321913
武汉市东湖新技术开发区华工科技园 邮编：430223
录 排：武汉正风天下文化发展有限公司
印 刷：武汉科源印刷设计有限公司
开 本：787mm×1092mm 1/8
印 张：15
字 数：198 千字
版 次：2019 年 9 月第 1 版第 2 次印刷
定 价：45.00 元

华中出版

第1部分　卫生院图纸

项目1　建筑施工图

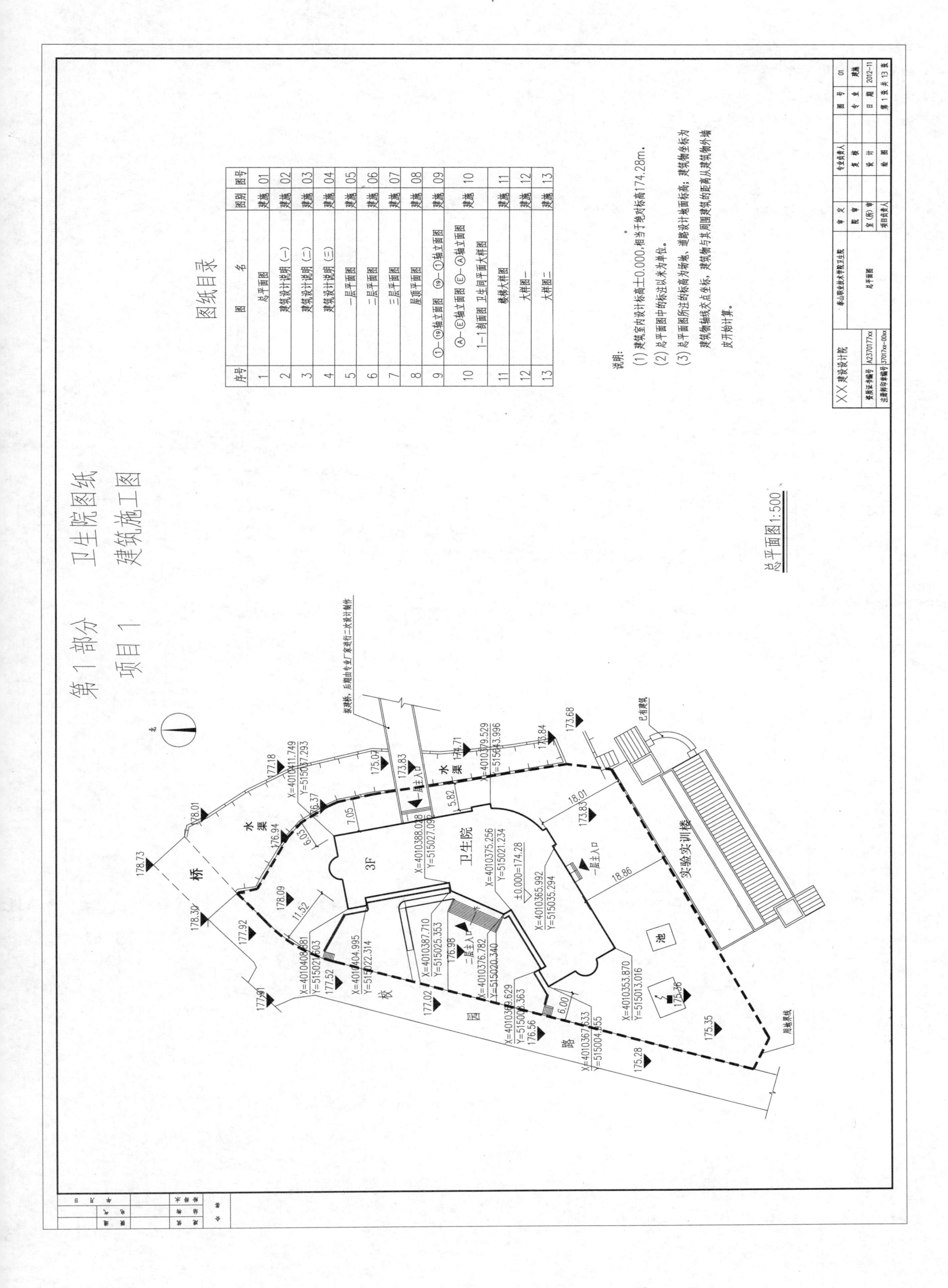

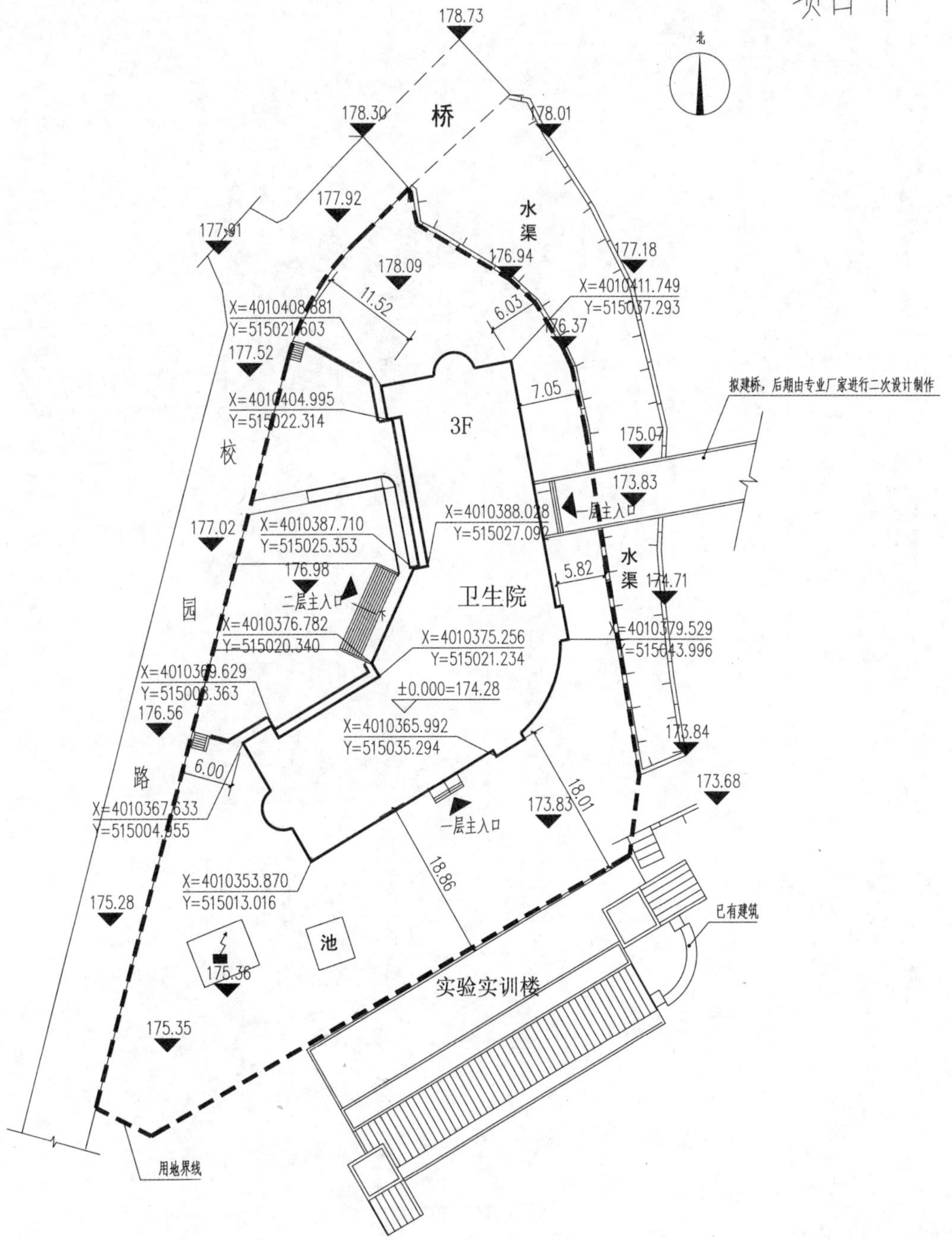

图纸目录

序号	图　名	图别	图号
1	总平面图	建施	01
2	建筑设计说明（一）	建施	02
3	建筑设计说明（二）	建施	03
4	建筑设计说明（三）	建施	04
5	一层平面图	建施	05
6	二层平面图	建施	06
7	三层平面图	建施	07
8	屋顶平面图	建施	08
9	①—⑲轴立面图　⑲—①轴立面图	建施	09
10	Ⓐ—Ⓔ轴立面图　Ⓔ—Ⓐ轴立面图 1-1剖面图　卫生间平面大样图	建施	10
11	楼梯大样图	建施	11
12	大样图一	建施	12
13	大样图二	建施	13

说明：

(1) 建筑室内设计标高±0.000，相当于绝对标高174.28m。

(2) 总平面图中的标注以米为单位。

(3) 总平面图所注的标高为场地、道路设计地面标高；建筑物坐标为建筑物轴线交点坐标，建筑物与其周围建筑的距离从建筑物外墙皮开始计算。

总平面图1:500

XX建设设计院		泰山职业技术学院卫生院	审　定		专业负责人		图　号	01
			院　审		复　核		专　业	建施
资质证书编号	A2370177xx	总平面图	室（所）审		设　计		日　期	2012-11
注册师印章编号	37017xx-00xx		项目负责人		绘　图		第1张　共13张	

会签				
建筑		暖通		
结构		电气		
给排水		年 月 日		

建筑设计说明（一）

一、设计依据

(1) 建设单位对该工程内部功能、建筑面积、建筑层数、建筑风格和装修标准等方面的要求。

(2) 国家颁布的现行设计规范。

《工程建设标准强制性条文　房屋建筑部分》(2013年版)。

《民用建筑设计通则》(GB 50352—2005)。

《民用建筑热工设计规范》(GB 50176—1993)。

《公共建筑节能设计标准》(GB 50189—2005)。

《建筑设计防火规范》(GB 50016—2006)。

《屋面工程技术规范》(GB 50345—2012)。

《无障碍设计规范》(GB 50763—2012)。

《城市社区卫生服务中心基本标准》(卫医发【2006】240号)。

(3) 国家及山东省现行的有关规范、规定及标准。

二、工程概况

(1) 建筑名称：泰山职业技术学院卫生院。

(2) 建设地点：位于泰安市泰山职业技术学院校园西北部，实验实训楼以北。

(3) 占地面积:1026.40m²。其中，一、二、三层建筑面积均为1026.40m²，总的建筑面积约为3079.20m²。

(4) 建筑的层数、高度：地上共三层；建筑高度最高处为12.64m（室外地面至屋面面层的高度）；一层层高为4.2m，二、三层层高均为3.9m。

功能：一层有咨询室、办公室、传达室，二层有点滴室、办公室和诊室，三层有点滴室、体检室、隔离室和会议室。

室内外高差：东南面室外地坪为自然地坪与二层室外高差－0.45m，定为标高；西北面室外地坪为自然地坪与二层室外高差1500mm，定为标高2.7m；该建筑结构形式为框架结构，抗震设防烈度为7度；非采暖房间为热表室。

(5) 根据其工程特征，该建筑属三级民用建筑，耐火等级为二级，屋面防水等级为Ⅱ级。

三、坐标定位与标高设计说明

本工程施工定位时由建设单位汇同规划局、设计单位、施工单位共同现场确定，地形测量图±0.000所对应的绝对标高为174.28m，室外地面标高也需按设计标高进行调整以保证室外管线的埋设与建筑标高的配合。

四、防火及疏散设计

(1) 该建筑每层为一个防火分区，防火分区面积最大为1026.40m²（<2500m²），满足规范要求。

(2) 该建筑与周围建筑的最短距离为23m，与周围建筑的间距符合《建筑设计防火规范》（GB 50016—2006）的有关规定。

(3) 一层安全出口有2个，满足一个防火分区不应少于2个安全出口的要求。

(4) 楼梯间靠外墙，可直接天然采光和自然通风。

(5) 本建筑安全出口的净宽度均为1.5m，满足规范"安全出口净宽度不应小于0.9m"的规定。

(6) 本建筑疏散走道的宽度为2.2m，疏散楼梯的净宽度最小为1.4m，满足规范中"疏散走道和疏散楼梯的净宽度不应小于1.1m"的规定。

(7) 本工程为框架结构，各建筑构件（包括墙体、梁、柱、楼板、屋面板、楼梯等）均为非燃烧体，耐火等级均为二级。

(8) 管道穿墙体及楼板处均采用不燃材料（如岩棉、矿棉、玻璃棉等）将四周缝隙填充密实。

五、防水设计

(1) 本工程屋面排水采用有组织外排水，屋面防水等级为Ⅱ级，具体做法详见建筑做法表。

(2) 本工程无地下室，地下水对本工程的影响较小。

(3) 本工程的墙基防潮层设在室内地坪下0.06m处，做法为在20mm厚的1:2.5水泥砂浆内掺入质量为水泥质量3%~5%的防水剂。

(4) 卫生间内采用防滑地砖防水楼面，防水涂膜或卷材沿墙上翻不小于300mm，坡向地漏的坡度应不小于1%，地漏与墙面净距离宜大于80mm，并应设附加防水层。

(5) 当采用预埋套管时，套管应高出楼面至少50mm，其缝隙应使用弹性密封材料填塞。

六、建筑门窗设计

(1) 门窗均采用断热型铝合金D型88系列推拉窗。门玻璃均采用安全玻璃，窗玻璃采用双层透明中空玻璃，当出现下列情况之一时应采用安全玻璃：

①窗台高度小于900mm；②窗玻璃分隔面积超过1.5m²。

(2) 所有外墙窗户的外窗台均应向外作5%的找坡。

(3) 外窗设纱扇，推拉门窗扇必须有防脱落装置。门窗物理性能须符合国家相关规范。

(4) 所有门窗在制作安装前须现场校核尺寸及数量。

(5) 各种材料的品种、规格应符合设计要求，并应有产品合格证书。所有门窗，其选用的玻璃厚度和框料均应满足安全强度要求，其抗风压变形、雨水渗透、空气渗透、平面内变形、保温、隔声及耐撞击性等性能指标均应符合国家现行产品标准的规定（可选用中档标准）。

七、外墙装修和室外工程

(1) 外装修设计和做法索引见立面图。

(2) 外装修选用的各项材料的材质、规格、颜色等，均由施工单位提供样板，经建设和设计单位确认后进行封样，并据此验收。

(3) 室外台阶、坡道、散水等工程做法见建筑做法表，并参照《室外配件》(L03J004)。

八、无障碍设计

(1) 本工程为公共建筑，执行《无障碍设计规范》和地方主管部门的有关规定。

(2) 建筑主要入口都应有无障碍设计。入口处高差小于15mm，并且用斜坡过渡。坡道两侧设有扶手，坡道与休息平台的扶手应保持连贯，并且高度不小于0.85m，起点与终点应向外延伸不小于0.3m。

(3) 建筑入口、轮椅坡道和扶手、平台、门厅详见二层平面图。

(4) 二层卫生间设有无障碍厕位。

九、其他

(1) 本工程施工单位施工前必须认真参阅设备说明和电气施工图，协调与土建施工的关系，做好预埋件、预留孔洞等。

(2) 图中所注标高除屋面外，均为施工完成后的面层标高。卫生间的防水层应从地面延伸到墙面，高出地面600mm且坡向地漏的坡度为1%。

(3) 建筑物内装修材料，其燃烧性能等级应满足下列要求：顶棚A级；墙面A级；地面、隔断B1级；固定家具、窗帘B2级。

注：A级为不燃烧材料；B级为难燃烧材料。

十、本工程采用的标准图（图集依据的标准更新时，应参照现行标准修正相关内容）

名称	图集号	名称	图集号
木门	L92J601	屋面	L01J202
墙身配件	L02J101	卫生间配件及洗池	L96J003
室外配件	L03J004	建筑工程做法	L06J002
建筑节能门窗（一）	06J607-1	墙体节能建筑构造	06J123
楼梯配件	L96J401	屋面节能建筑构造	06J204

十一、本工程采用的墙体材料

非承重墙：采用200mm厚加气混凝土砌块墙。

十二、面积表

	一层	二层	三层
每层面积/m²	1026.40	1026.40	1026.40
总计/m²	3079.20		

十三、建筑做法表

名称	材料及部位	材料及做法	颜色	规格
散水	混凝土水泥散水（建筑物底层周边）	(1) 素土夯实		宽900mm
		(2) 120mm厚地瓜石垫层（M2.5水泥砂浆灌缝）		
		(3) 60mm厚C15混凝土		
		(4) 刷素水泥浆一遍		
		(5) 20mm厚1:2.5水泥砂浆面层，随打随抹，流水坡坡度5%		
		(6) 宽度900mm，沿墙长度方向每隔8~12m处留伸缩缝，缝宽20mm，采用沥青玛蹄脂灌缝，靠墙处的留缝内灌沥青砂浆		
台阶	大理石台阶（二层大台阶）	参见L03J004 4/7	青灰色	详见二层平面图
	水泥抹面台阶（一层疏散口处）	参见L03J004 2/8	青灰色	详见一层平面图
坡道	细石混凝土坡道	详见L04J006 2/8		
地面	地面砖防水地面（卫生间）	(1) 素土夯实，压缩系数大于0.9	白色	300mmx300mm
		(2) 300mm厚3:7灰土夯实		
		(3) 60mm厚C15混凝土垫层		

名称	材料及部位	材料及做法	颜色	规格
		(4) 40mm厚挤塑聚苯板		
		(5) 20mm厚1:3水泥砂浆找平		
		(6) 刷基层处理剂一遍		
		(7) 1.5mm厚合成高分子防水涂料		
		(8) 30mm厚1:3干硬性水泥砂浆结合层		
		(9) 8~10mm厚防滑地面砖，砖背面刮水泥浆粘贴，稀水泥浆擦缝		
	地面砖地面（除卫生间外的其他地面）	(1) 素土夯实，压缩系数大于0.9	白色	600mmx600mm
		(2) 300mm厚3:7灰土夯实		
		(3) 60mm厚C15混凝土垫层		
		(4) 40mm厚挤塑聚苯板		
		(5) 20mm厚1:3水泥砂浆找平		
		(6) 30mm厚1:3干硬性水泥砂浆结合层		
		(7) 8~10mm厚防滑地面砖，砖背面刮水泥浆粘贴，稀水泥浆（或彩色水泥浆）擦缝		
楼面	地面砖楼面（除卫生间外）	(1) 现浇钢筋混凝土楼板	白色	600mmx600mm
		(2) 刷素水泥浆一遍		
		(3) 40mm厚1:3干硬性水泥砂浆结合层		
		(4) 8~10mm厚防滑地面砖，砖背面刮水泥砂浆粘贴，稀水泥浆擦缝		
	地面砖防水楼面（卫生间）	(1) 现浇钢筋混凝土楼板	白色	300mmx300mm
		(2) 刷素水泥浆一遍		
		(3) 20mm厚C20细石混凝土找坡抹平		
		(4) 刷基层处理剂一遍		
		(5) TS-C复合防水卷材防水		
		(6) 20mm厚1:3干硬性水泥砂浆结合层		
		(7) 撒素水泥面（洒适量清水）		
		(8) 8~10mm厚防滑地面砖，砖背面刮水泥砂浆粘贴擦缝		
外墙	高弹性真石漆涂料墙面	(1) 200mm厚加气混凝土砌块墙	详见立面图	
		(2) 刷界面砂浆一遍		
		(3) 20mm厚水泥砂浆找平层		
		(4) 55mm厚岩棉板保温层，胶黏剂粘贴		
		(5) 3~5mm厚抗裂砂浆复合耐碱网布		
		(6) 刷弹性底涂，刮柔性泥子		
		(7) 外墙弹性涂料（颜色为白色）		
内墙	瓷砖墙面（卫生间，面砖贴至顶）	(1) 加气混凝土砌块墙	白色	250mmx330mm
		(2) 刷界面处理剂一遍		
		(3) 9mm厚1:1:6水泥石灰膏砂浆打底扫毛		
		(4) 6mm厚1:3水泥砂浆压实抹平		
		(5) 5mm厚1:3水泥砂浆结合层		
		(6) 5mm厚面砖，擦缝材料擦缝		
	涂料内墙	(1) 加气混凝土砌块墙		
		(2) 刷界面处理剂一遍		
		(3) 20mm厚胶粉聚苯颗粒保温层		
		(4) 5mm厚抗裂砂浆复合耐碱网布		
		(5) 柔性泥子		
		(6) 涂刷白色乳胶漆		

XX建设设计院		泰山职业技术学院卫生院	审定		专业负责人		图号	02
		建筑设计说明（一）	院审		复核		专业	建施
资质证书编号	A2370177xx		室（所）审		设计		日期	2012-11
注册师印章编号	3701778-0001		项目负责人		绘图		第2张 共13张	

建筑设计说明（二）

名称	材料及部位	材料及做法	颜色	规格
顶棚	纸面石膏板吊顶（办公室）	L06J002 棚 7		
	水泥砂浆涂料顶棚（除上述房间外的其他房间）	(1) 现浇钢筋混凝土楼板		
		(2) 刷素水泥浆一遍		
		(3) 7mm厚1：2.5水泥砂浆打底扫毛或划出纹道		
		(4) 7mm 厚1：2水泥砂浆找平		
		(5) 内墙涂料		
屋面	细石混凝土屋面（非上人平屋面）防水等级Ⅱ级	(1) 钢筋混凝土屋面板		
		(2) 40mm厚（最薄处)1：8（重量比）水泥珍珠岩找坡层2%		
		(3) 20mm厚1：3水泥砂浆找平		
		(4) 刷基层处理剂一遍		
		(5) TS−C卷材防水层一遍		
		(6) 110mm厚泡沫玻璃板保温层		
		(7) 20mm厚1：3水泥砂浆找平		
		(8) 刷基层处理剂一遍		
		(9) TS−C卷材防水层一遍		
		(10) 20mm厚1：2.5水泥砂浆保护层		
		(11) 40mm厚C20防水细石混凝土（6mX6m分格，缝宽为20mm，密封胶嵌缝)随打随抹，内配ø4双向间距150mm的钢筋网（钢筋网在分隔缝处断开），缝上铺防水卷材，宽 200mm		
油漆	金属面油漆（调和漆）金属栏杆	详见L96J002 (油38/122)		
	木材油漆（亚光清漆）所有木门	详见L96J002 (油20/120) 暮色		
	金属面油漆（调和漆）室内管道	详见L96J002 (油40/122) 银灰色		
落水管		采用直径为100mm的 PVC落水管		位置详见水施
踢脚	水泥砂浆踢脚	(1) 200mm厚加气混凝土砌块墙		
		(2) 刷界面砂浆一遍		
		(3) 9mm厚1：1：6水泥石灰膏砂浆打底扫毛或划出纹道		
		(4) 6mm 厚1：3水泥砂浆找平		
		(5) 7mm厚1：2.5水泥砂浆压实赶光		
楼梯	楼梯均选用木扶手和金属栏杆，栏杆间距不大于110mm	(1) 现浇钢筋混凝土楼板		
		(2) 刷素水泥浆一遍		
		(3) 20mm厚1：2水泥砂浆压实抹光		
		(4) 花岗石面（预留20mm厚）		

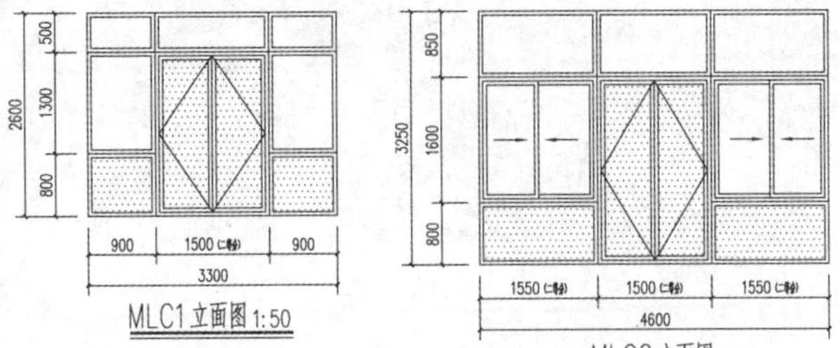

MLC1立面图 1:50

MLC2立面图 1:50

▨：安全玻璃

十四、门窗表

门窗表

类型	设计编号	洞口尺寸/mm 宽度	高度	数量 一层	二层	三层	合计	图集选用 图集名称	页次	选用型号	备注
普通门	M0821	800	2100	1			1	L92J609			夹板门
	M1021	1000	2100	20	21	22	63	L92J601			中高档装饰门，带门框(K=2.0)
	M1521	1500	2100	3	1	2	6	L92J601			断热型铝合金中空玻璃平开门（安全玻璃）
防火门	FMZ0821	800	2100	2	2	2	6	L92J606			乙级防火门，专业厂家制作
门联窗	MLC1	3300	2600	1			1	门窗详图			断热型铝合金中空玻璃平开门推拉窗
	MLC2	4600	3250		1		1	门窗详图			断热型铝合金中空玻璃平开门推拉窗
	MLC3	2800	2600		1	1	2	门窗详图			断热型铝合金中空玻璃平开门推拉窗
	MLC4	3500	2600		1	1	2	门窗详图			断热型铝合金中空玻璃平开门推拉窗
普通窗	C0928	900	2750	8			8	门窗详图			断热型铝合金中空玻璃推拉窗
	C0925	900	2450		8	8	16	门窗详图			断热型铝合金中空玻璃推拉窗
	C1228	1200	2750	1			1	参见C1328			断热型铝合金中空玻璃推拉窗
	C1325	1300	2450		4	4	8	门窗详图			断热型铝合金中空玻璃推拉窗
	C1328	1300	2750	4			4	门窗详图			断热型铝合金中空玻璃推拉窗
	C2325	2300	2450		1	2	3	参见C2424			断热型铝合金中空玻璃推拉窗
	C2425	2400	2450		24	24	48	门窗详图			断热型铝合金中空玻璃推拉窗
	C2428	2400	2750	21			24	门窗详图			断热型铝合金中空玻璃推拉窗
	C3728	3700	2750	1			1	参见C2428			断热型铝合金中空玻璃推拉窗
	C3925	3900	2450		1	1	2	参见C2424			断热型铝合金中空玻璃推拉窗
	C4628	4600	2750	1			1	门窗详图			断热型铝合金中空玻璃推拉窗
	C4625	4600	2450			1	1	门窗详图			断热型铝合金中空玻璃推拉窗
	C6425	6400	2450		1		1	门窗详图			断热型铝合金中空玻璃推拉窗
弧窗	HC0928	900	2750	6			6	参见C0928			断热型铝合金中空玻璃推拉窗
	HC0924	900	2450		6		6	参见C0924			断热型铝合金中空玻璃推拉窗
	HC0925	900	2500			6	6	参见C0925			断热型铝合金中空玻璃推拉窗
	HC3628	3620	2750	2			2	参见C2428			断热型铝合金中空玻璃推拉窗
	HC3624	3620	2450		2		2	参见C2424			断热型铝合金中空玻璃推拉窗
	HC3625	3620	2500			2	2	参见C2425			断热型铝合金中空玻璃推拉窗
	HC3728	3660	2750	1			1	参见C2428			断热型铝合金中空玻璃推拉窗
	HC3724	3660	2450		1		1	参见C2424			断热型铝合金中空玻璃推拉窗
	HC3725	3660	2500			1	1	参见C2425			断热型铝合金中空玻璃推拉窗
洞口	DK1521	1500	2100	2	2	2	6				
	DK1221	1200	2100		2	2	4				

(1) 门窗均采用断热型铝合金中空玻璃推拉窗，间隔层采用空气（详见公共建筑节能设计表）。其中，门玻璃均采用安全玻璃；窗玻璃为双层透明中空玻璃。当出现下列情况之一时，窗玻璃应采用安全玻璃：①窗台高度<900mm；②窗玻璃分隔面积超过1.5m²。玻璃厚度选择应参照《建筑玻璃应用技术规程》(JGJ 113−2009)。

(2) 门窗表中的门窗洞口尺寸应为做完地坪后至梁或圈梁底及墙与墙之间的尺寸（未扣除灰缝尺寸）。

(3) 外窗可开启面积不应小于窗面积的30%。

(4) 易于受到人体或物体撞击的部位的建筑玻璃应设置护栏等防碰撞设施。

(5) 本表仅供参考，外窗设纱扇，推拉门窗扇必须有防脱落装置。

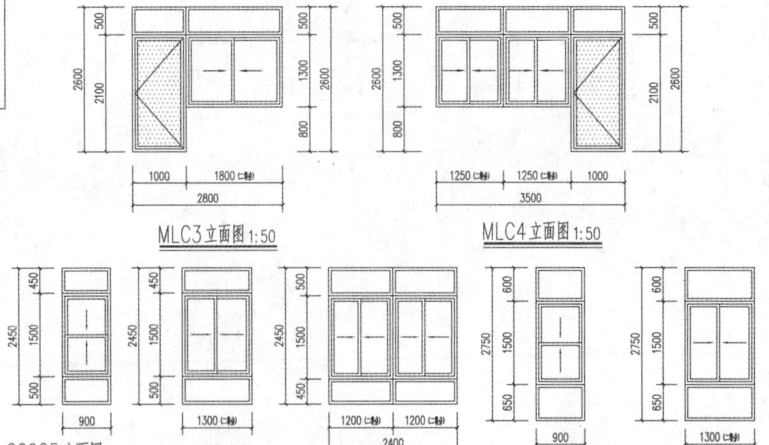

MLC3立面图 1:50

MLC4立面图 1:50

C0925立面图 1:50

C1325立面图 1:50

C2425立面图 1:50

C0928立面图 1:50

C1328立面图 1:50

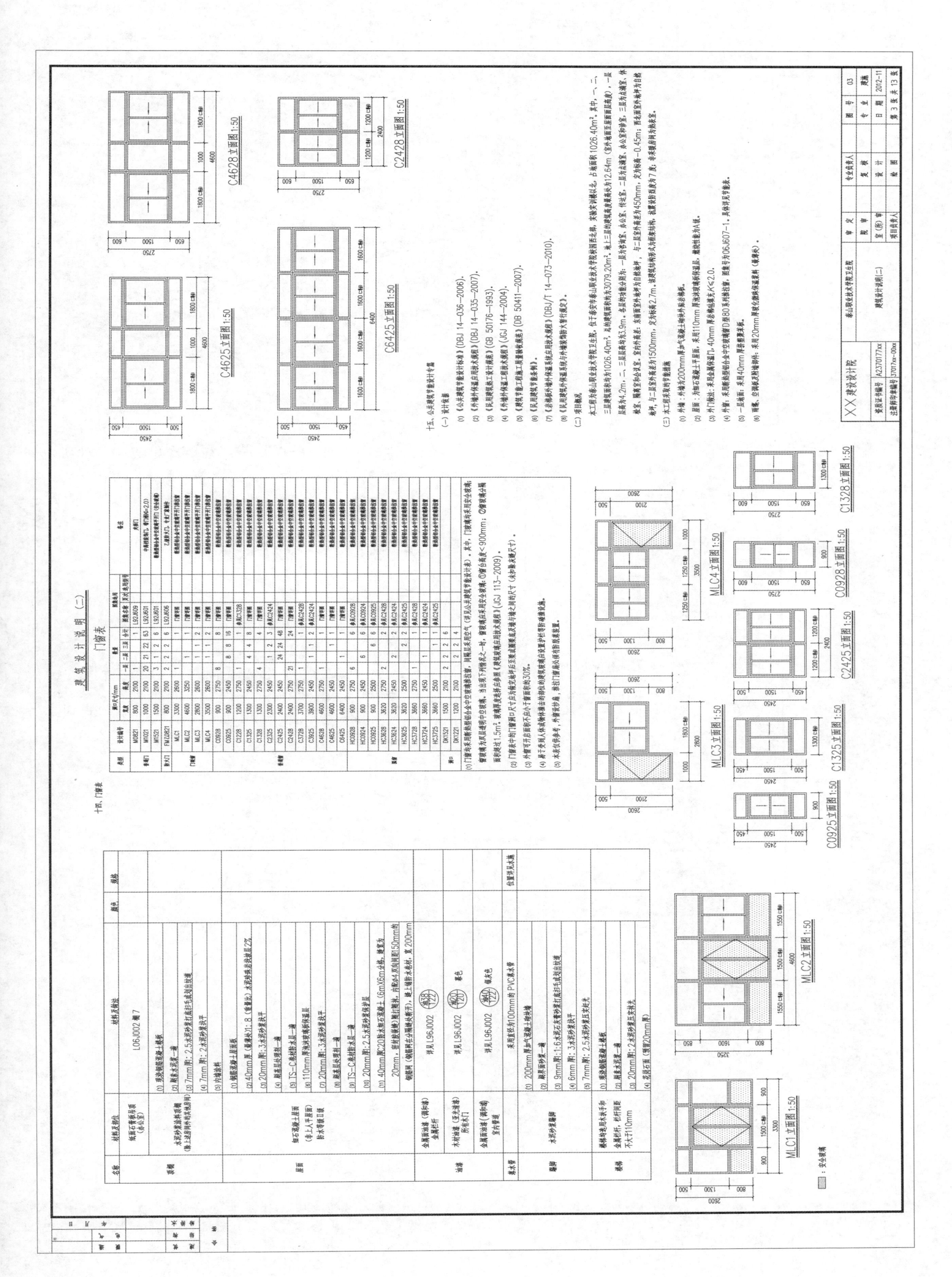

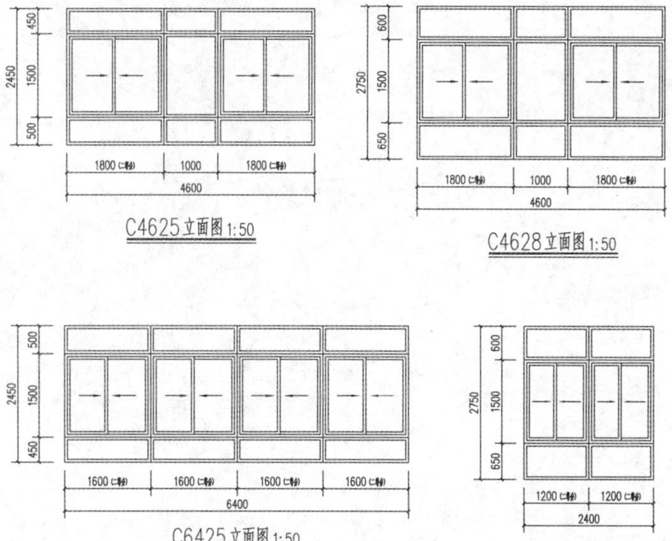

C4625立面图 1:50

C4628立面图 1:50

C6425立面图 1:50

C2428立面图 1:50

十五、公共建筑节能设计专篇

（一）设计依据

(1)《公共建筑节能设计标准》(DBJ 14−036−2006).

(2)《外墙外保温应用技术规程》(DBJ 14−035−2007).

(3)《民用建筑热工设计规范》(GB 50176−1993).

(4)《外墙外保温工程技术规程》(JGJ 144−2004).

(5)《建筑节能工程施工质量验收规范》(DB 50411−2007).

(6)《民用建筑节能条例》。

(7)《岩棉板外墙外保温系统应用技术规程》(DBJ/T 14−073−2010).

(8)《民用建筑外保温系统与外墙装饰防火暂行规定》。

（二）项目概况

本工程为泰山职业技术学院卫生院，位于泰安市泰山职业技术学院校园西北部，实验实训楼以北，占地面积1026.40m²。其中，一、二、三层建筑面积均为1026.40m²，总的建筑面积约为3079.20m²。地上三层的建筑高度最高处为12.64m（室外地面至屋面面层高度），一层层高为4.2m，二、三层层高均为3.9m。各层的功能分别为：一层为咨询室、办公室、传达室，二层为点滴室、办公室和诊室，三层为点滴室、体检室、隔离室和会议室。室内外高差：东南面室外地坪为自然地坪，与二层室外高差为450mm，定为标高−0.45m；西北面室外地坪为自然地坪，与二层室外高差为1500mm，定为标高2.7m。该建筑结构形式为框架结构，抗震设防烈度为7度；非采暖房间为热表室。

（三）本工程采取的节能措施

(1) 外墙：外墙为200mm厚加气混凝土砌块外贴岩棉板。

(2) 屋面：为细石混凝土平屋面，采用110mm 厚泡沫玻璃板保温层，燃烧性能为A级。

(3) 外门做法：采用金属保温门，40mm 厚岩棉毡填充$K \leqslant 2.0$。

(4) 外窗：采用断热型铝合金中空玻璃窗D型80系列推拉窗，图集号为06J607−1。具体详见节能表。

(5) 一层地面：采用40mm 厚挤塑聚苯板。

(6) 雨篷、空调板及附墙部件：采用20mm厚玻化微珠保温浆料（最薄处）。

XX建设设计院		泰山职业技术学院卫生院	审定		专业负责人		图号	03
		建筑设计说明(二)	院审		复核		专业	建施
资质证书编号	A2370177xx		室（所）审		设计		日期	2012−11
注册师印章编号	37017xx−00xx		项目负责人		绘图		第 3 张 共 13 张	

建筑		暖通	
结构		电气	
给排水		年 月 日	

会签

建筑设计说明(三)

(四) 结论及其他要求

(1) 本工程采用直接判定法，建筑热工设计符合《公共建筑节能设计标准》(DBJ 14—036—2006)的规定，能够达到总体节能50%的目标要求。

(2) 保温材料的密度、导热系数或热阻、燃烧性能等指标应符合相关要求。

(3) 外饰面材料，如涂料、面砖等技术指标应符合相关要求。

(4) 围护结构保温应严格按照保温体系成套技术标准施工，不得更改系统构造和组成材料，应符合《外墙外保温应用技术规程》(DBJ 14—035—2007)、《外墙外保温工程技术规程》(JGJ 144—2004)及《建筑节能工程施工质量验收规范》(GB 50411—2007)的要求。

公共建筑节能设计表

工程名称		工号	建筑面积/m^2	屋顶透明部分面积与屋顶总面积之比	规定值	设计值	结构类型
泰山职业技术学院卫生院		2012-2-40	3079.20		≤ 0.20	0.00	□砌体 ☑框架 □剪力墙 □钢结构 □其他（ ）
建筑外表面积/m^2	建筑体积/m^3	体形系数 S		中庭屋顶透明部分面积与中庭面积之比	规定值	设计值	
3097.48	12316.80	0.251			≤ 0.70	0.00	窗墙面积：南 0.383 东 0.168 西 0.166 北 0.398
围护结构部位		传热系数K限值/(W/(m^2·K)) S≤0.30		0.30<S≤0.40	选用做法传热系数		做法说明
屋面		≤0.55		≤0.45	0.520		泡沫玻璃板保温层（见附表C）
外墙（包括非透明幕墙）		≤0.60		≤0.50	0.487 0.628(平均值0.558)		铺岩棉板（见附表A、附表B）
底面接触室外空气的架空或外挑楼板		≤0.60		≤0.50			
非采暖空调房间与采暖空调房间的隔墙或楼板		≤1.50		≤1.50	0.855(隔墙见附表E)/1.193(楼板见附表F)		
变形缝两侧墙体		≤1.50		≤1.50			

外窗（包括透明幕墙）		传热系数K	遮蔽系数S_e(东、南、西向/北向)	传热系数K	遮蔽系数S_e(东、南、西向/北向)	选用传热系数K	选用遮蔽系数S_e	做法说明
同一朝向外窗(包括透明幕墙)	窗墙面积比≤0.20	≤ 3.50	—	≤3.00	—	3.0	—	中空玻璃窗（5+6A+5）玻璃颜色为无色（南向）；可见光透射比为0.79；断热型铝合金中空玻璃窗框
	0.20<窗墙面积比≤0.30	≤ 3.00	—	≤2.50	—		—	
	0.30<窗墙面积比≤0.40	≤ 2.70	≤0.70/-	≤2.30	≤0.70	2.7	0.38（南向）/-（北向）	辐射率≤0.25Low-E中空玻璃（在线）；窗（5+9A+5）玻璃颜色为无色（南北向）；断热型铝合金中空玻璃窗框
	0.40<窗墙面积比≤0.50	≤ 2.30	≤0.60/-	≤2.00	≤0.60			
	0.50<窗墙面积比≤0.70	≤ 2.00	≤0.50/-	≤1.80	≤0.50			
屋顶透明部分		≤ 2.70	≤0.50	≤2.70	≤0.50			
地面		热阻R/(m^2·K/W)	≥1.50		选用做法热阻R/(m^2·K/W)		1.709	铺挤塑聚苯板（见附表D）
采暖、空调地下室外墙（与土壤接触的墙）			≥1.50					

注：外墙传热系数是包括结构性热桥在内的平均传热系数；热桥部位最小传热阻应符合要求；热桥部分若有特殊做法亦应标明。当窗（包括透明幕墙）墙面积比小于0.40时，玻璃（或其他透明材料）的可见光透射比不应小于0.40。

附表A 外墙主墙体节能计算表

建筑做法	分层厚度 δ /mm	密度 $ρ_0$ /(kg/m^3)	导热系数 λ /[W/(m·K)]	修正系数 α	热阻 R /(m^2·K/W)	热惰性指标 D	传热阻 R_0 /(m^2·K/W)	传热系数 K /(W/m^2·K)
(1) 刷（喷）涂料							2.053	0.487
(2) 3~5mm厚抗裂砂浆复合耐碱网布	3~5							
(3) 55mm厚岩棉板保温层，胶黏剂粘贴	55	≥140	0.04	1.30	1.058			
(4) 20mm厚水泥砂浆找平层	20	1800	0.930	1.00	0.022			
(5) 刷界面砂浆一道								
(6) 200mm厚加气混凝土砌块墙	200	600	0.20	1.25	0.800			
(7) 混合砂浆	20	1700	0.870	1.00	0.023			

附表B 外墙热桥节能计算表

建筑做法	分层厚度 δ /mm	密度 $ρ_0$ /(kg/m^3)	导热系数 λ /[W/(m·K)]	修正系数 α	热阻 R /(m^2·K/W)	热惰性指标 D	传热阻 R_0 /(m^2·K/W)	传热系数 K /(W/m^2·K)
(1) 刷（喷）涂料							1.598	0.628
(2) 3~5mm厚抗裂砂浆复合耐碱网布	3~5							
(3) 55mm厚岩棉板保温层，胶黏剂粘贴	55	≥140	0.04	1.30	1.058			
(4) 20mm厚水泥砂浆找平层	20	1800	0.930	1.00	0.022			
(5) 刷界面砂浆一道								
(6) 梁（柱）	600	2500	1.740	1.00	0.345			
(7) 混合砂浆	20	1700	0.870	1.00	0.023			

附表C 非上人平屋面构造节能计算表

建筑做法	分层厚度 δ /mm	密度 $ρ_0$ /(kg/m^3)	导热系数 λ /[W/(m·K)]	修正系数 α	热阻 R /(m^2·K/W)	热惰性指标 D	传热阻 R_0 /(m^2·K/W)	传热系数 K /(W/m^2·K)
(1) 40mm厚C20细石混凝土	40	2500	1.740	1.00	0.023		1.922	0.520
(2) 20mm厚1:2.5水泥砂浆保护层	20	1800	0.930	1.00	0.022			
(3) TS-C卷材防水层								
(4) 20mm厚1:3水泥砂浆找平层	20	1800	0.930	1.00	0.022			
(5) 110mm厚泡沫玻璃板保温层	110		0.062	1.20	1.478			
(6) TS-C卷材防水层								
(7) 20mm厚1:3水泥砂浆找平层	20	1800	0.930	1.00	0.022			
(8) 1:8水泥珍珠岩找坡，最薄处40mm厚	40	400	0.18	1.5	0.148			
(9) 现浇钢筋混凝土楼板	100	2500	1.740	1.00	0.057			

附表D 地面节能计算表

地面构造	建筑做法	分层厚度 δ /mm	密度 $ρ_0$ /(kg/m^3)	导热系数 λ /[W/(m·K)]	修正系数 α	热阻 R /(m^2·K/W)	热惰性指标 D	热阻 R_0 /(m^2·K/W)
内 / 外	(1) 1:3干硬性水泥砂浆结合层	30	1800	0.930	1.00	0.032		1.709
	(2) 20mm厚1:3水泥砂浆找平层	20	1800	0.930	1.00	0.022		
	(3) 40mm厚挤塑聚苯板	40	27~32	0.030	1.10	1.212		
	(4) 60mm厚C15混凝土	60	2500	1.740	1.00	0.034		
	(5) 3:7灰土夯实	300		1.160	1.00	0.259		
	(6) 素土夯实							

附表E 不采暖房间隔墙（填充墙）（单面抹保温砂浆）节能计算表

建筑做法	分层厚度 δ /mm	密度 $ρ_0$ /(kg/m^3)	导热系数 λ /[W/(m·K)]	修正系数 α	热阻 R /(m^2·K/W)	热惰性指标 D	传热阻 R_0 /(m^2·K/W)	传热系数 K /(W/m^2·K)
(1) 抹面胶浆	5	1800	0.930	1.00	0.005		1.17	0.855
(2) 玻化微珠保温砂浆	20	350~450	0.080	1.30	0.192			
(3) 加气混凝土砌块	200	600	0.200	1.23	0.800			
(4) 混合砂浆	20	1700	0.870	1.00	0.023			

附表F 采暖房间与非采暖房间结合处顶板节能计算表

建筑做法	分层厚度 δ /mm	密度 $ρ_0$ /(kg/m^3)	导热系数 λ /[W/(m·K)]	修正系数 α	热阻 R /(m^2·K/W)	热惰性指标 D	传热阻 R_0 /(m^2·K/W)	传热系数 K /(W/m^2·K)
(1) 装修面层							0.838	1.193
(2) 面层做法见建筑做法表	30	1800	0.930	1.00	0.032			
(3) 现浇钢筋混凝土楼板	100	2500	1.740	1.00	0.057			
(4) 水泥砂浆找平层	10	1800	0.930	1.00	0.011			
(5) 锚固岩棉板	30	≥140	0.04	1.30	0.577			
(6) 抹面层	10	1700	0.870	1.00	0.011			

附表G 挑出构件节能计算表

建筑做法	分层厚度 δ /mm	密度 $ρ_0$ /(kg/m^3)	导热系数 λ /[W/(m·K)]	修正系数 α	热阻 R /(m^2·K/W)	热惰性指标 D	传热阻 R_0 /(m^2·K/W)	传热系数 K /(W/m^2·K)
(1) 抹面层	20	1800	0.930	1.00	0.022		0.827	1.209
(2) 玻化微珠保温砂浆	30	350~450	0.080	1.30	0.288			
(3) 现浇钢筋混凝土楼板	100	2500	1.740	1.00	0.057			
(4) 玻化微珠保温砂浆	30	350~450	0.080	1.30	0.288			
(5) 抹面层	20	1800	0.930	1.00	0.022			

XX建设设计院		泰山职业技术学院卫生院	审 定		专业负责人		图 号	04
			院 审		复 核		专 业	建施
资质证书编号	A2370177xx	建筑设计说明(三)	室（所）审		设 计		日 期	2012-11
注册师印章编号	3701778-0001		项目负责人		绘 图		第 4 张 共 13 张	

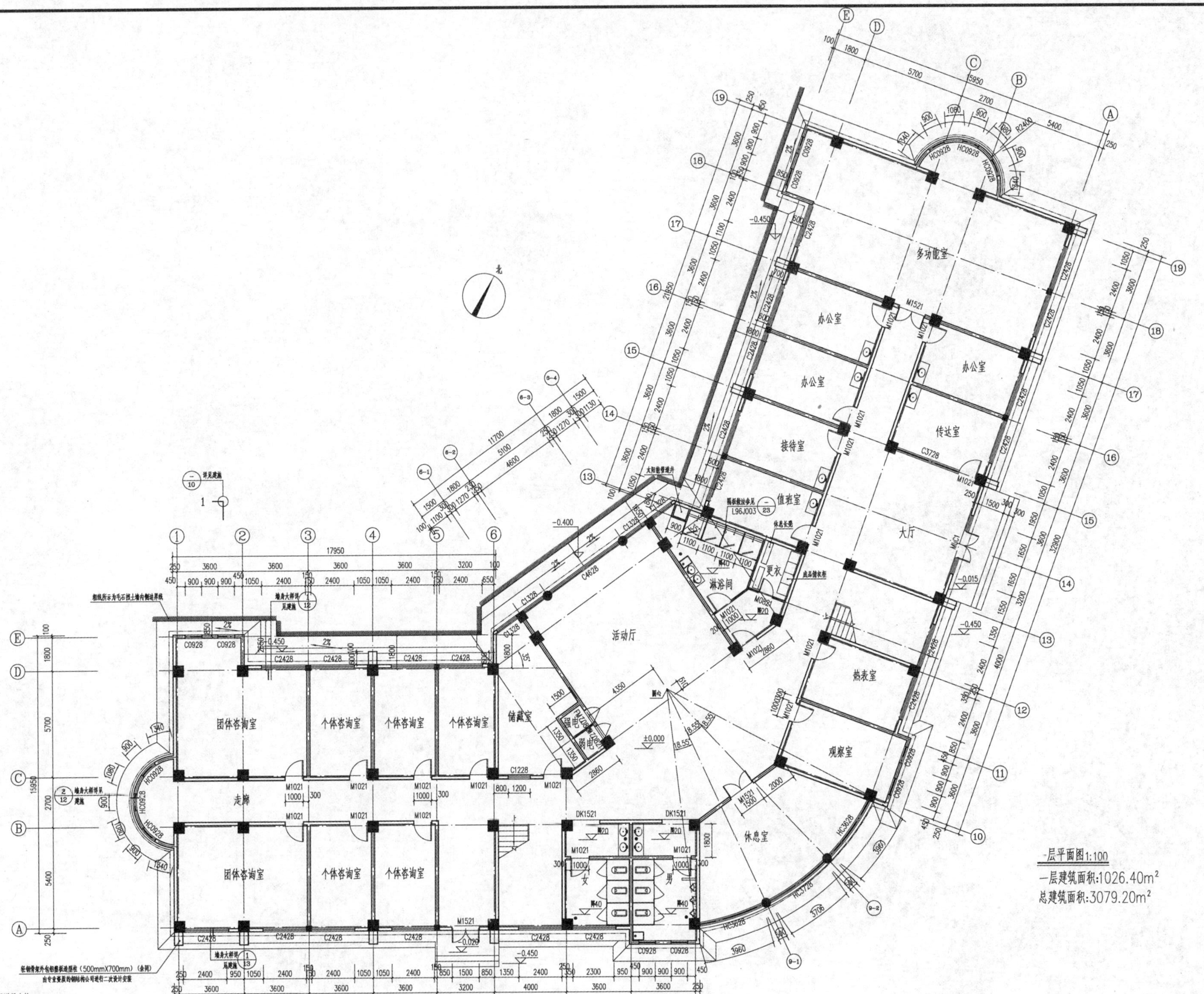

一层平面图1:100

一层建筑面积:1026.40m²

总建筑面积:3079.20m²

注：(1) ● 地漏位置详见水施。

(2) 卫生间、淋浴间前室降板20mm，卫生间、淋浴间降板40mm。

(3) —— ：保温线。

(4) 卫生间大样详见建施10。

XX建设设计院		泰山职业技术学院卫生院	审 定		专业负责人	图 号	05
		一层平面图	院 审		复 核	专 业	建施
资质证书编号	A2370177XX		室（所）审		设 计	日 期	2012-11
注册师印章编号	3701778-0001		项目负责人		绘 图	第 5 张 共 13 张	

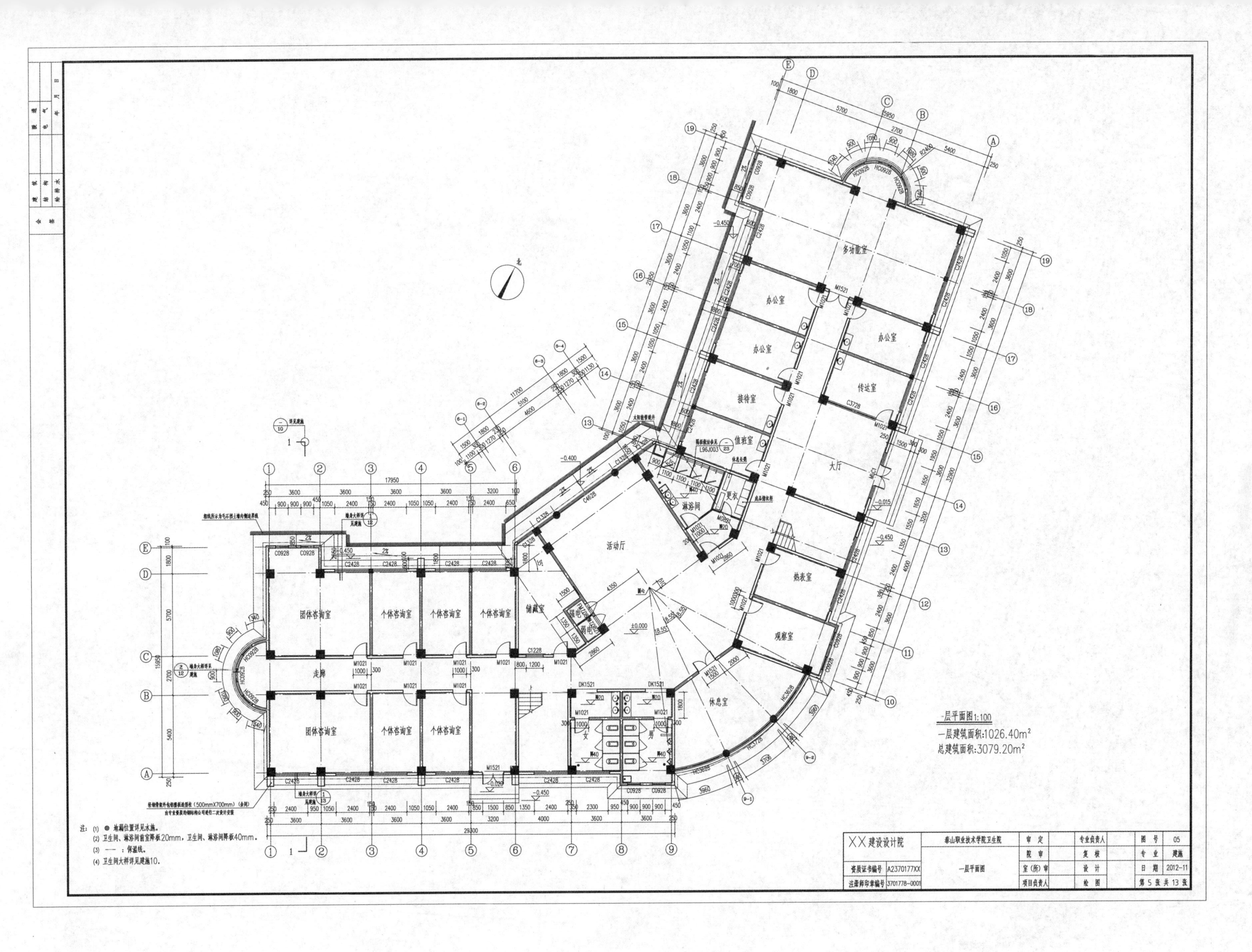

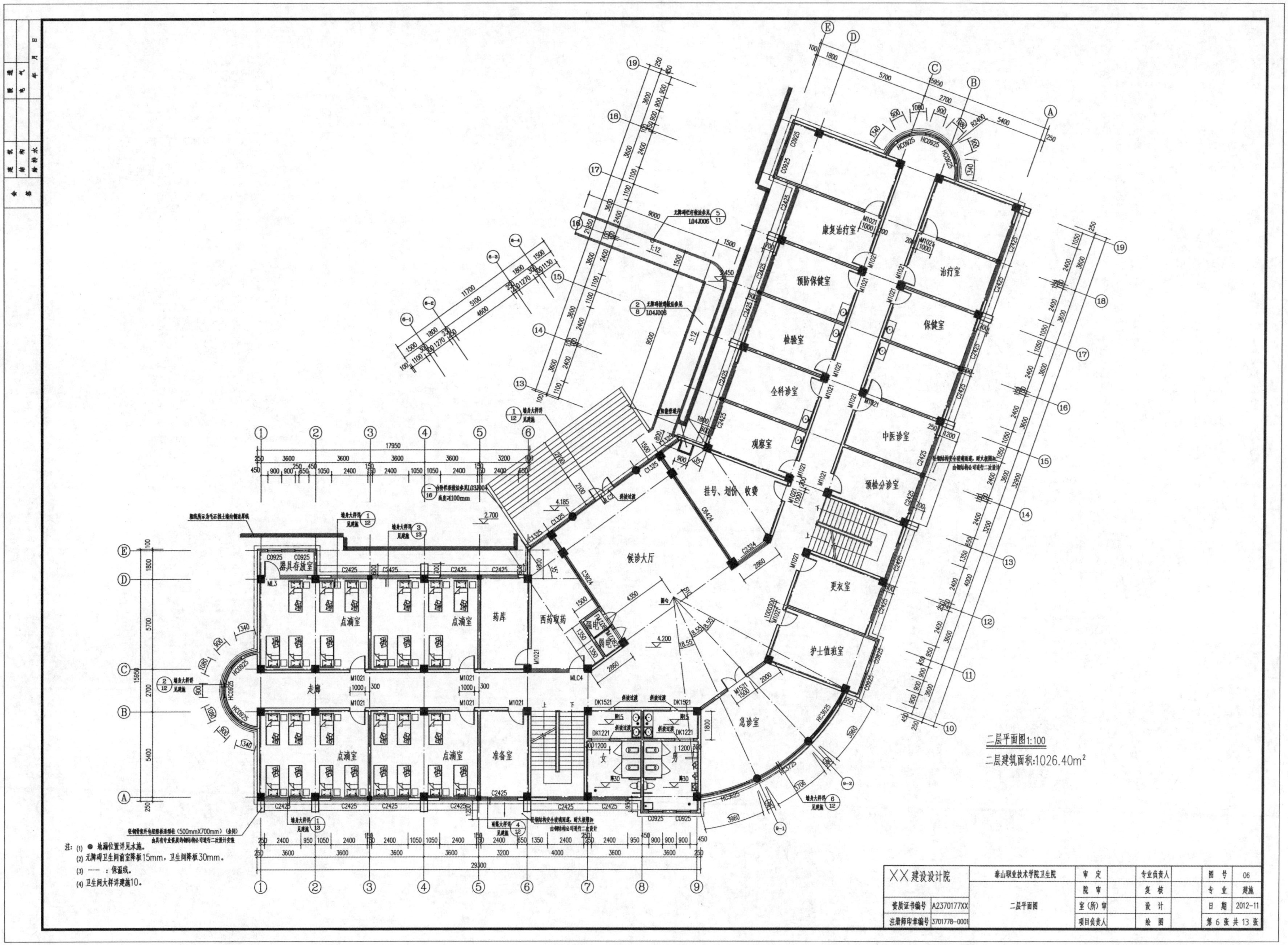
二层平面图1:100
二层建筑面积:1026.40m²
康复治疗室
治疗室
预防保健室
保健室
检验室
全科诊室
中医诊室
观察室
预检分诊室
挂号、划价、收费
候诊大厅
更衣室
护士值班室
急诊室
西药取药
药库
点滴室
准备室
器具存放室
走廊
女
男
注:(1) ● 地漏位置详见水施。
(2) 无障碍卫生间前室降板15mm，卫生间降板30mm。
(3) ---：保温线。
(4) 卫生间大样详建施10。
XX建设设计院
资质证书编号 A2370177XX
注册师印章编号 3701778-0001
泰山职业技术学院卫生院
二层平面图
审定
院审
室(所)审
项目负责人
专业负责人
复核
设计
绘图
图号 06
专业 建施
日期 2012-11
第6张共13张

三层平面图1:100

三层建筑面积:1026.40m²

注: (1) ● 地漏位置详见水施。
(2) 卫生间、淋浴间前室降板20mm，卫生间、淋浴间降板40mm。
(3) —·— : 保温线。
(4) 卫生间大样详见建施10。

XX建设设计院		泰山职业技术学院卫生院	审 定		专业负责人	图 号	07
			院 审		复 核	专 业	建施
资质证书编号	A2370177XX	三层平面图	室(所)审		设 计	日 期	2012-11
注册师印章编号	37017XX-00XX		项目负责人		绘 图	第 7 张 共 13 张	

会签	建筑	暖通
	结构	电气
	给排水	年 月 日

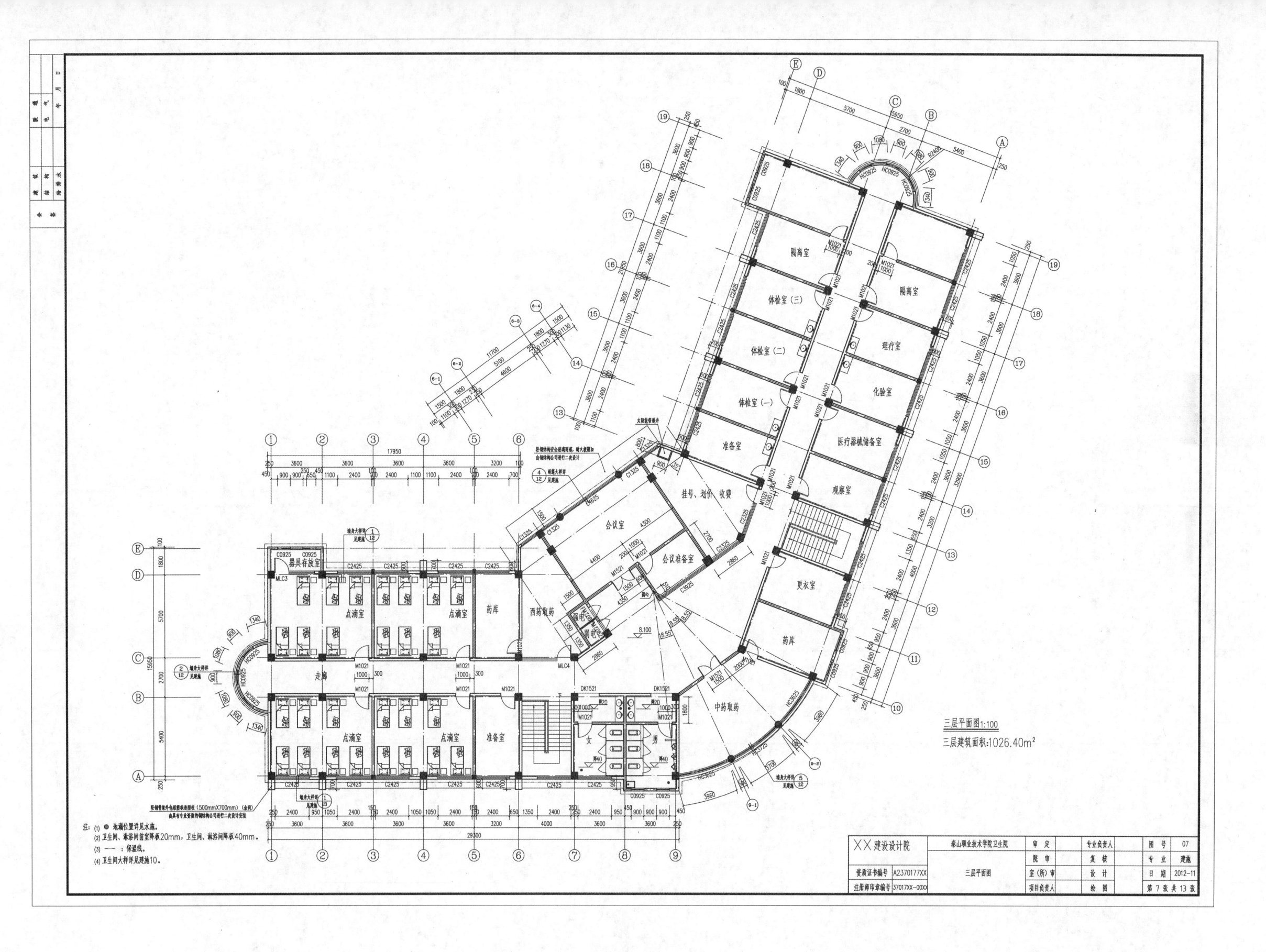

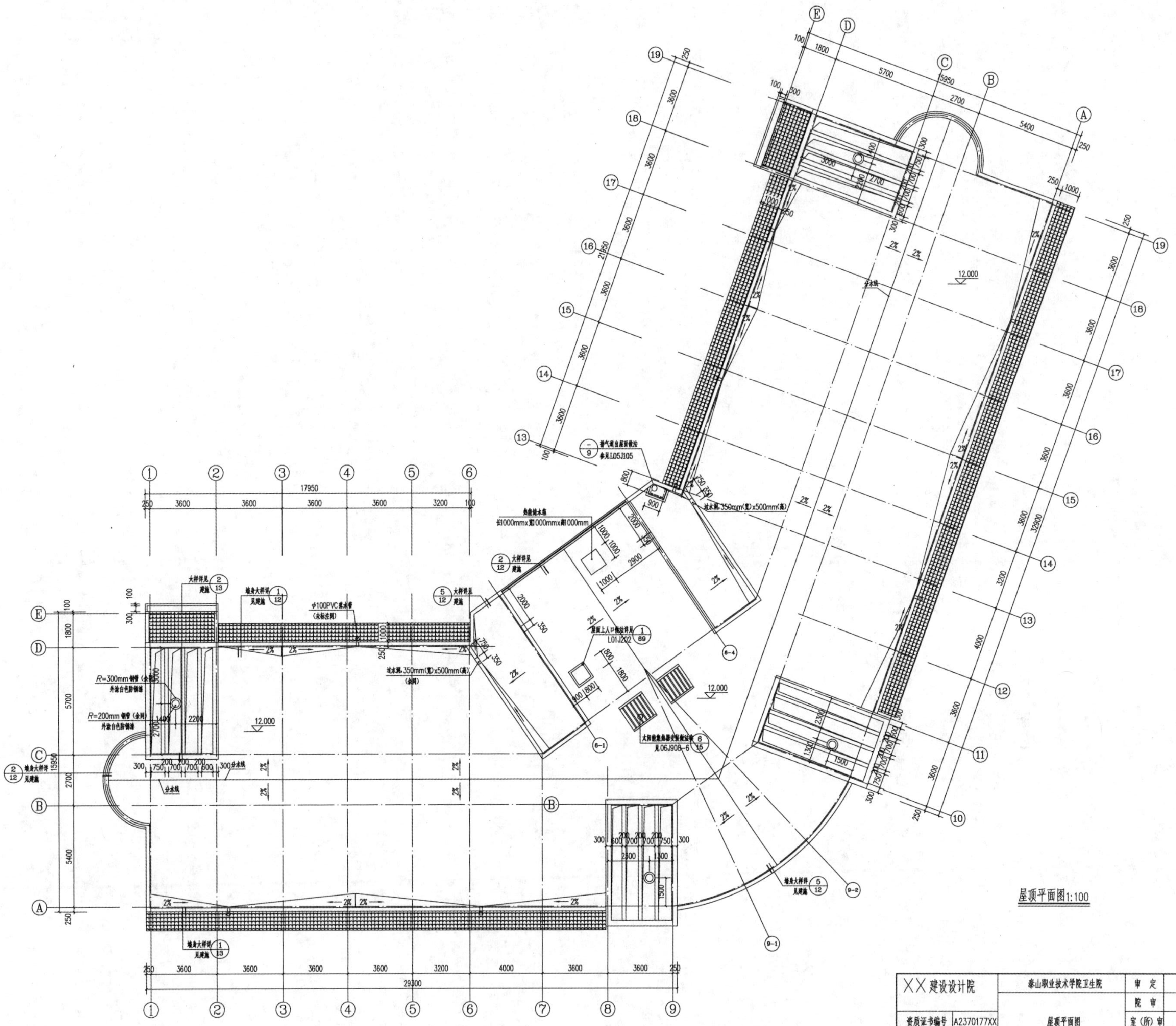

屋顶平面图1:100

XX建设设计院		泰山职业技术学院卫生院	审 定		专业负责人	图 号	08
			院 审		复 核	专 业	建施
资质证书编号	A2370177XX	屋顶平面图	室(所)审		设 计	日 期	2012-11
注册师印章编号	37017XX-00XX		项目负责人		绘 图	第 8 张 共 13 张	

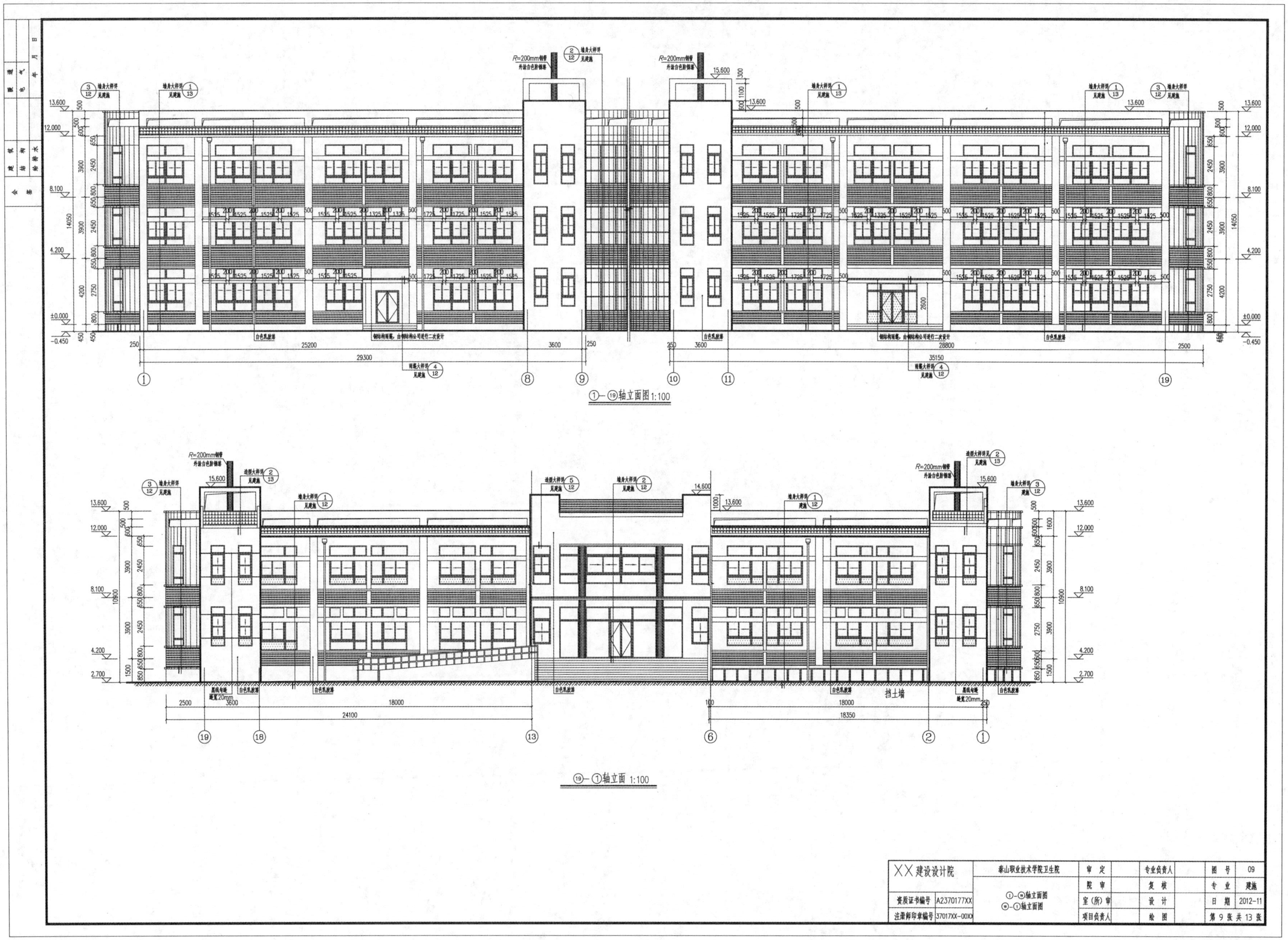
①—⑲轴立面图 1:100
⑲—①轴立面 1:100
XX建设设计院
资质证书编号 A2370177XX
注册师印章编号 37017XX-00XX
泰山职业技术学院卫生院
①-⑲轴立面图
⑲-①轴立面图
审 定
院 审
室(所)审
项目负责人
专业负责人
复 核
设 计
绘 图
图 号 09
专 业 建施
日 期 2012-11
第 9 张 共 13 张

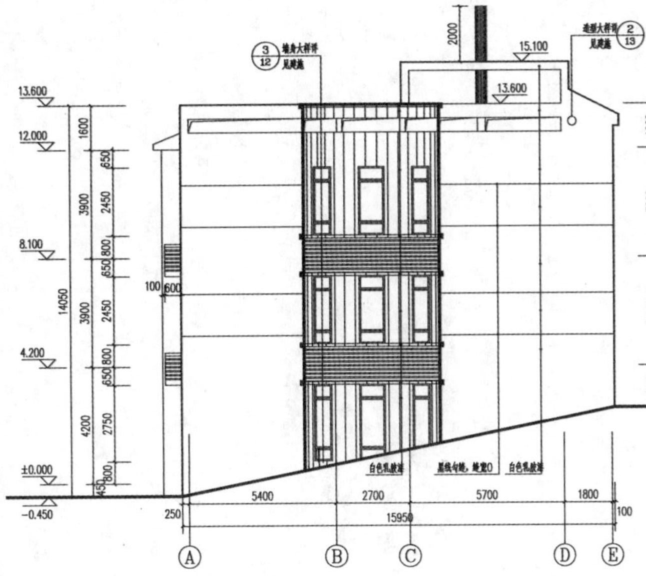

Ⓐ—Ⓔ轴立面图 1:100

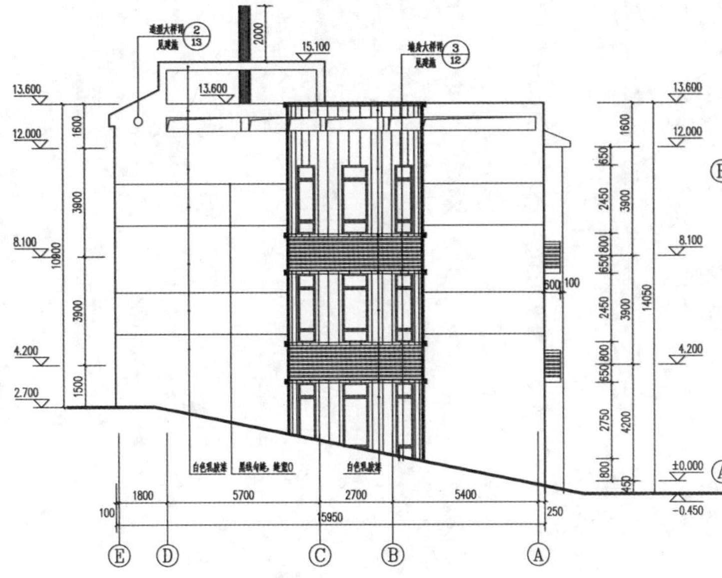

Ⓔ—Ⓐ轴立面图 1:100

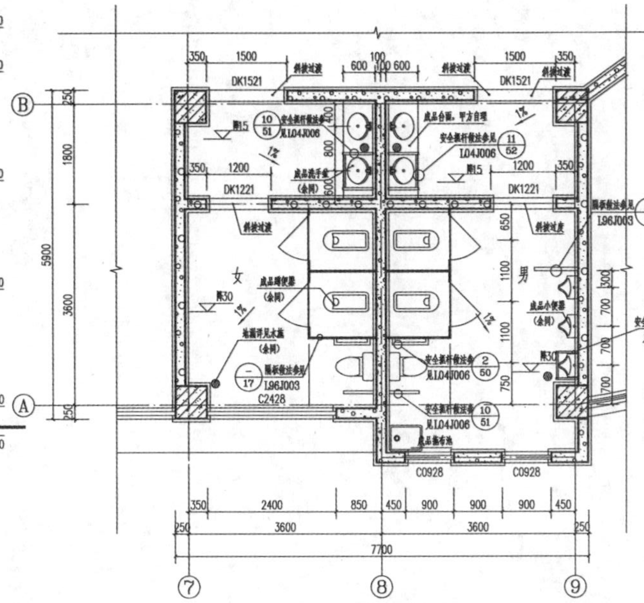

二层卫生间平面大样图 1:50

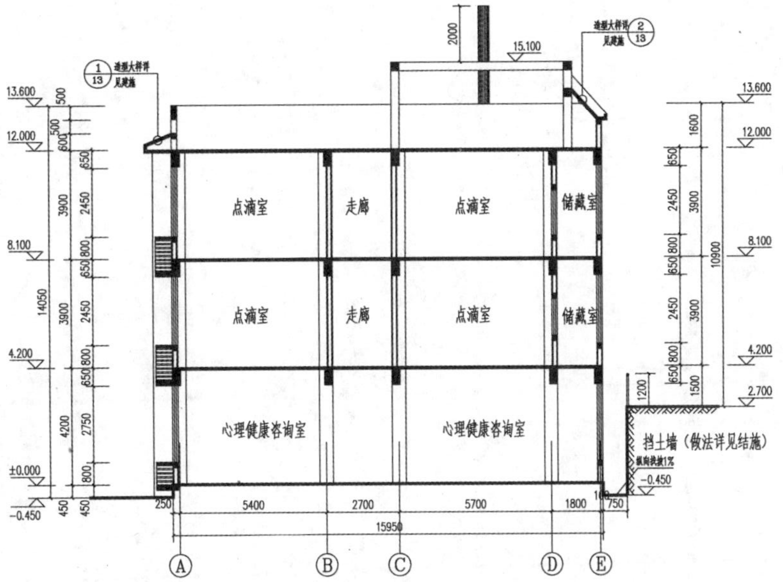

1—1剖面图 1:100

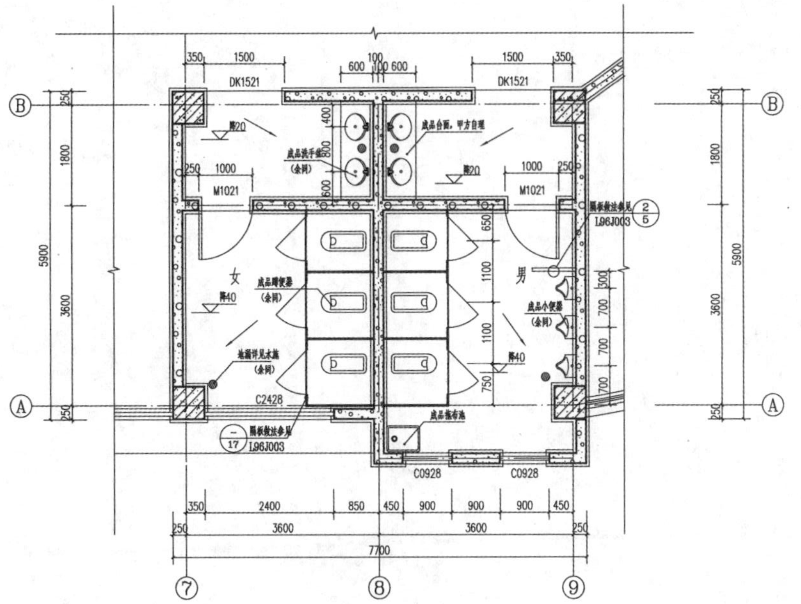

一、三层卫生间平面大样图 1:50

XX建设设计院		泰山职业技术学院卫生院	审 定		专业负责人	图 号	10
		Ⓐ-Ⓔ轴立面图 Ⓔ-Ⓐ轴立面图 1-1剖面图 卫生间平面大样图	院 审		复 核	专 业	建施
资质证书编号	A2370177XX		室（所）审		设 计	日 期	2012-11
注册师印章编号	37017XX-00XX		项目负责人		绘 图	第 10 张 共 13 张	

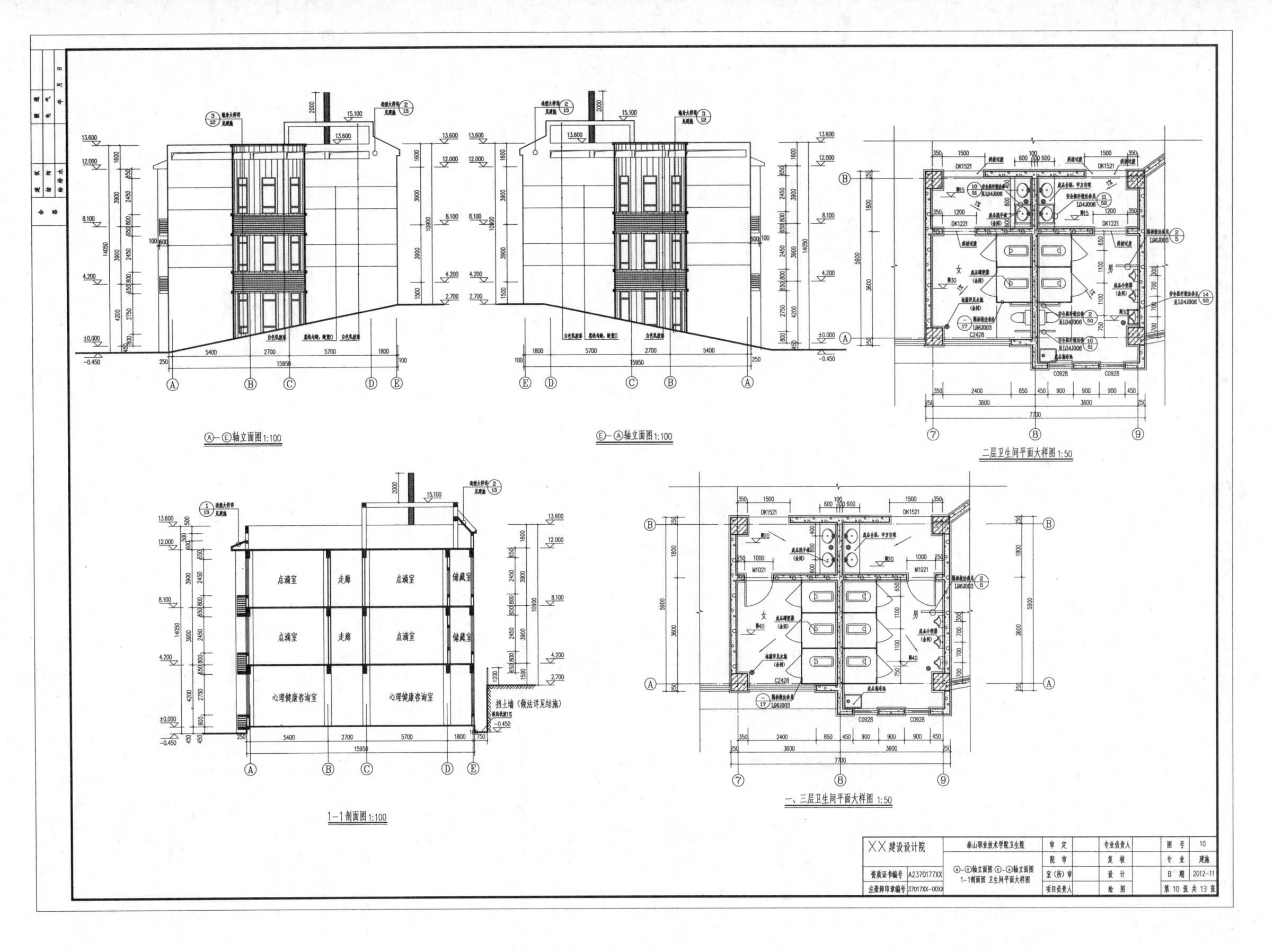

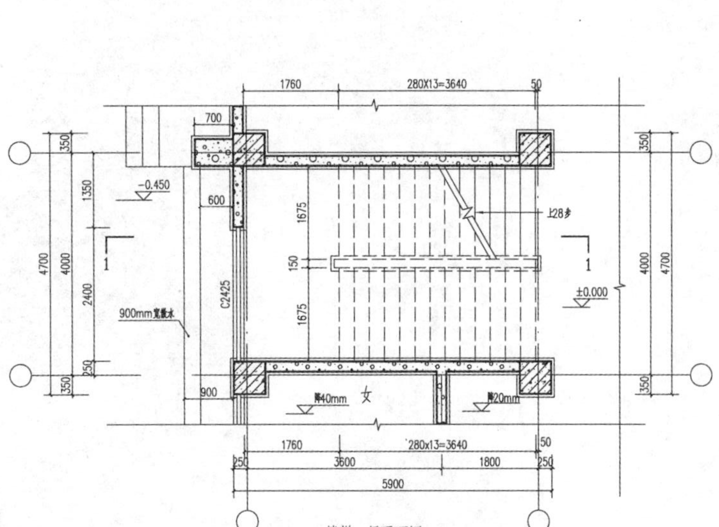

楼梯一层平面图1:50

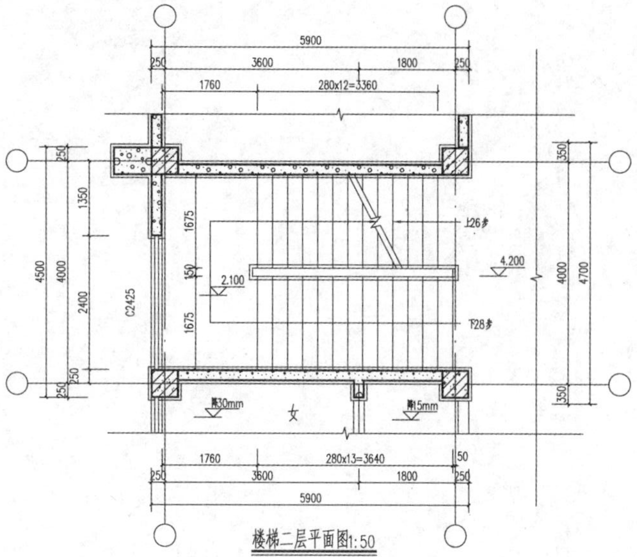

楼梯二层平面图1:50

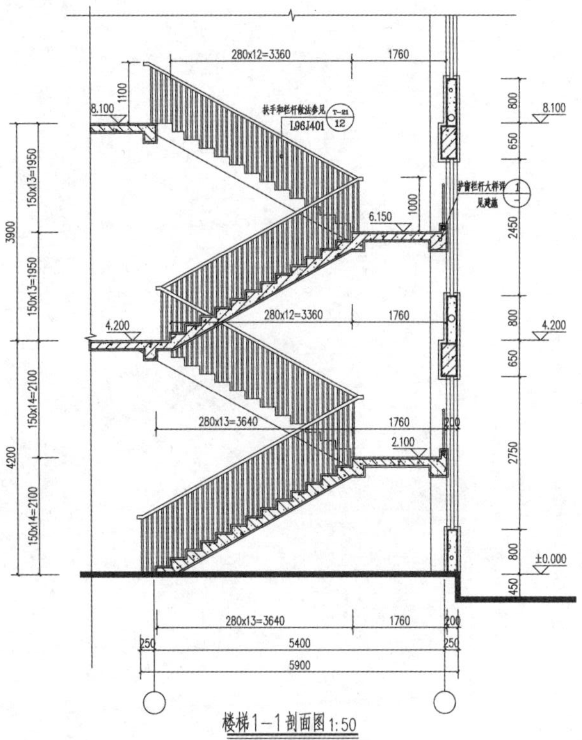

楼梯1-1剖面图1:50

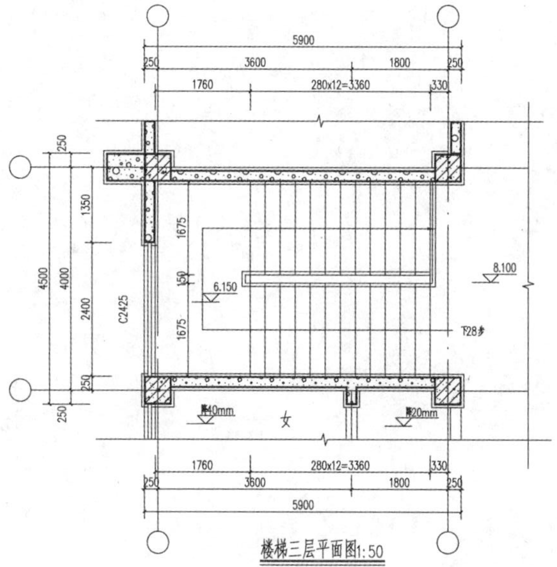

楼梯三层平面图1:50

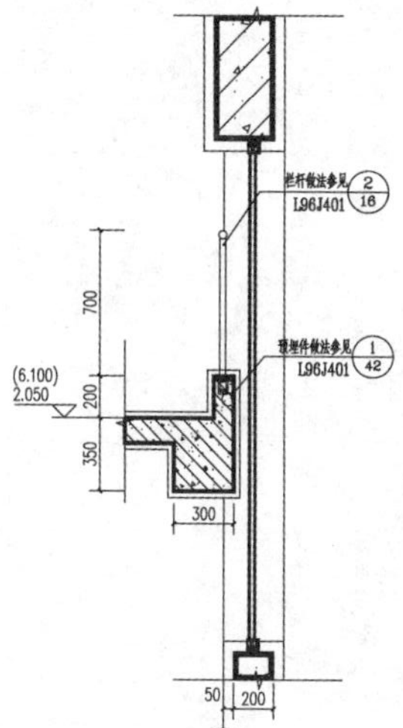

① 护窗栏杆大样图1:20

楼梯说明:

(1) 楼梯踏步做法详见建筑做法表。

(2) 楼梯栏杆间距70mm（<110mm）。

(3) 栏杆做法参见 L96J401中 $\frac{T-21}{12}$ 。

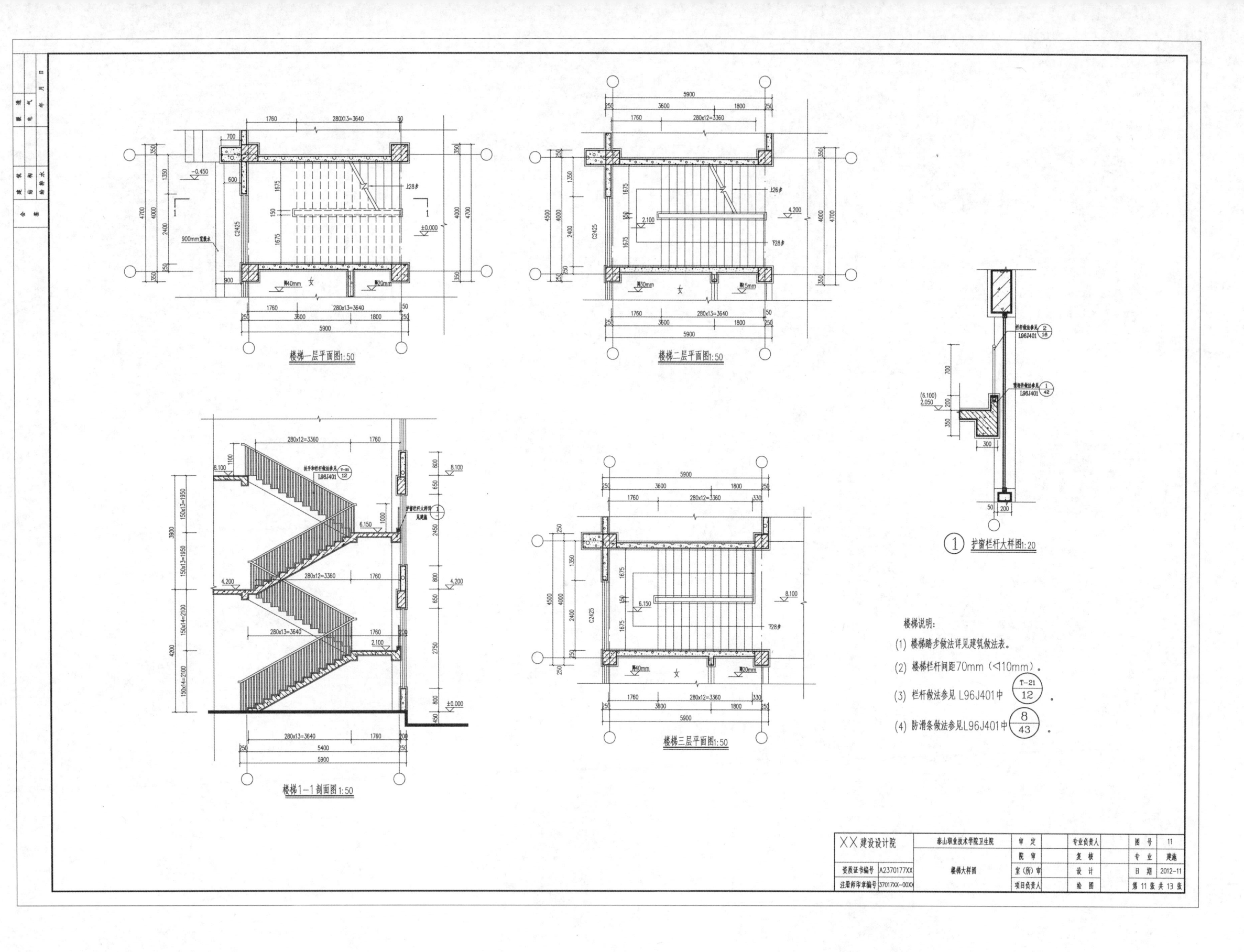

(4) 防滑条做法参见L96J401中 $\frac{8}{43}$ 。

XX建设设计院		泰山职业技术学院卫生院	审 定		专业负责人	图 号	11
			院 审		复 核	专 业	建施
资质证书编号	A2370177XX	楼梯大样图	室（所）审		设 计	日 期	2012-11
注册师印章编号	37017XX-00XX		项目负责人		绘 图	第 11 张 共 13 张	

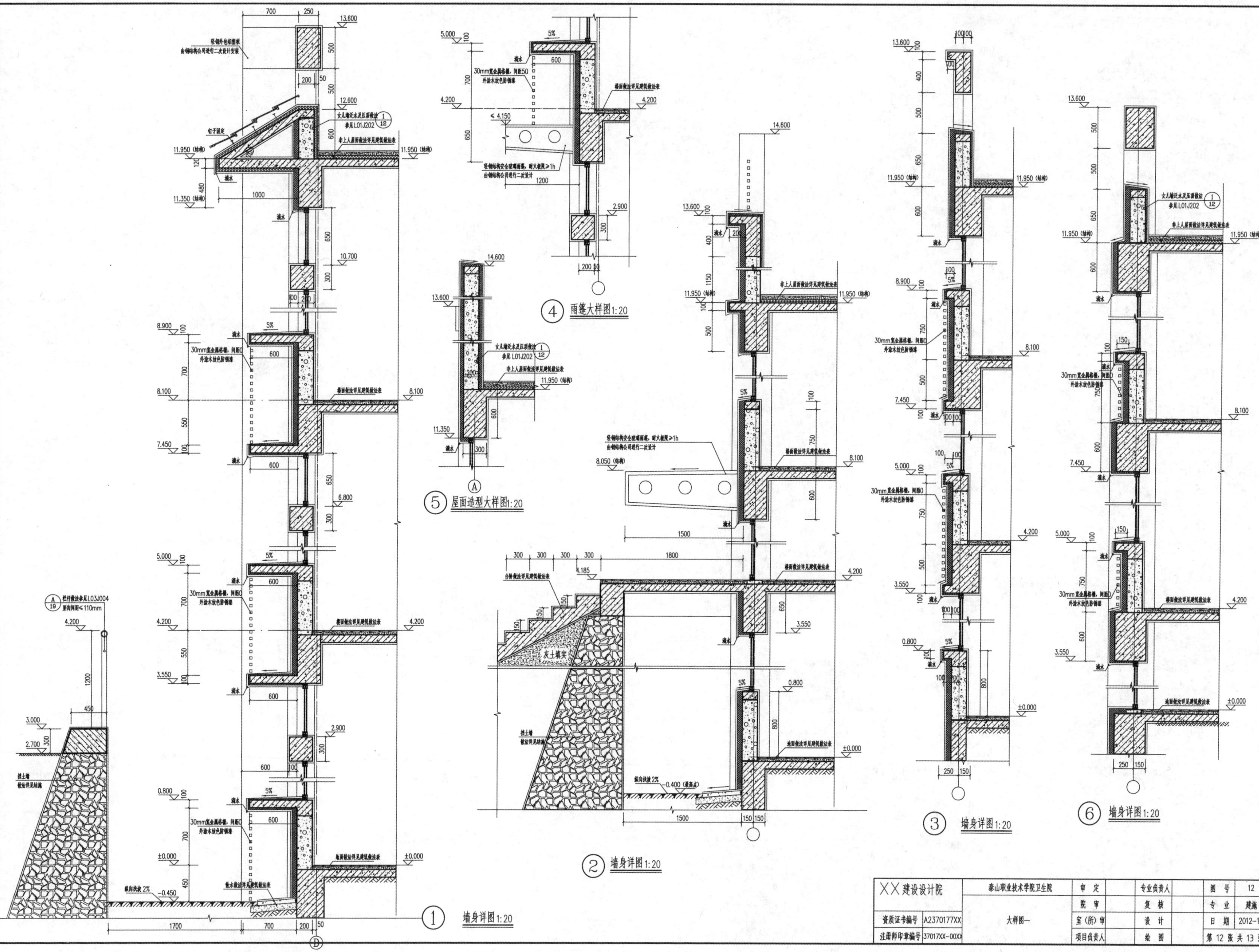

XX建设设计院	泰山职业技术学院卫生院	审 定	专业负责人	图 号	12
		院 审	复 核	专 业	建施
资质证书编号 A2370177XX	大样图一	室(所)审	设 计	日 期	2012-11
注册师印章编号 37017XX-00XX		项目负责人	绘 图	第 12 张 共 13 张	

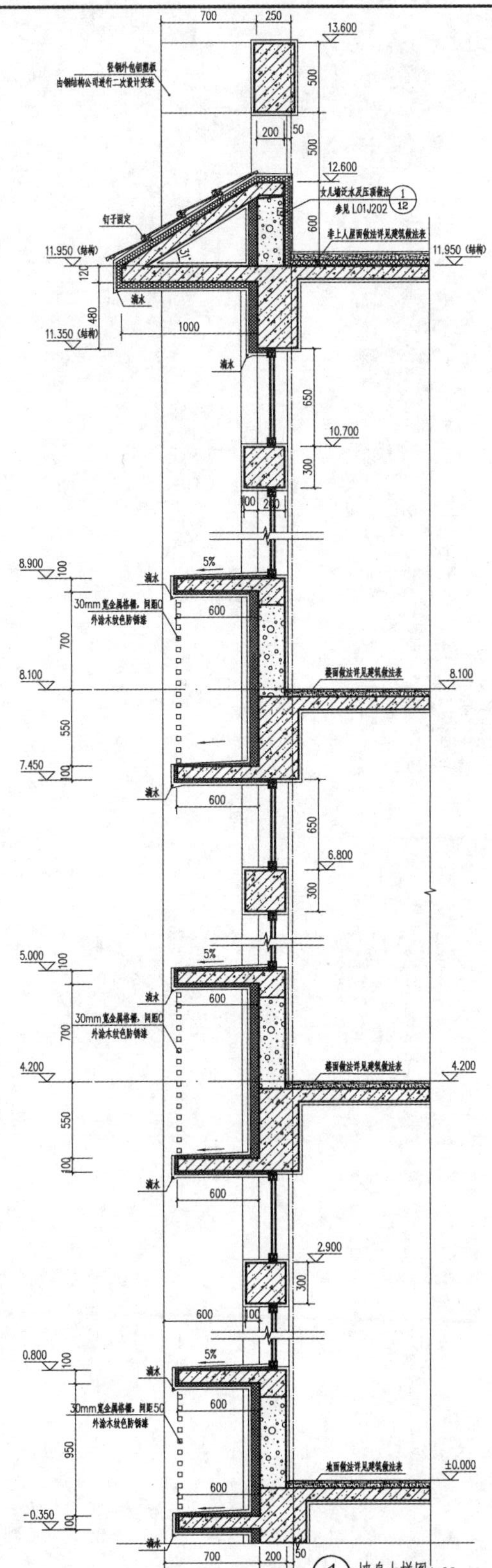

① 墙身大样图1:20

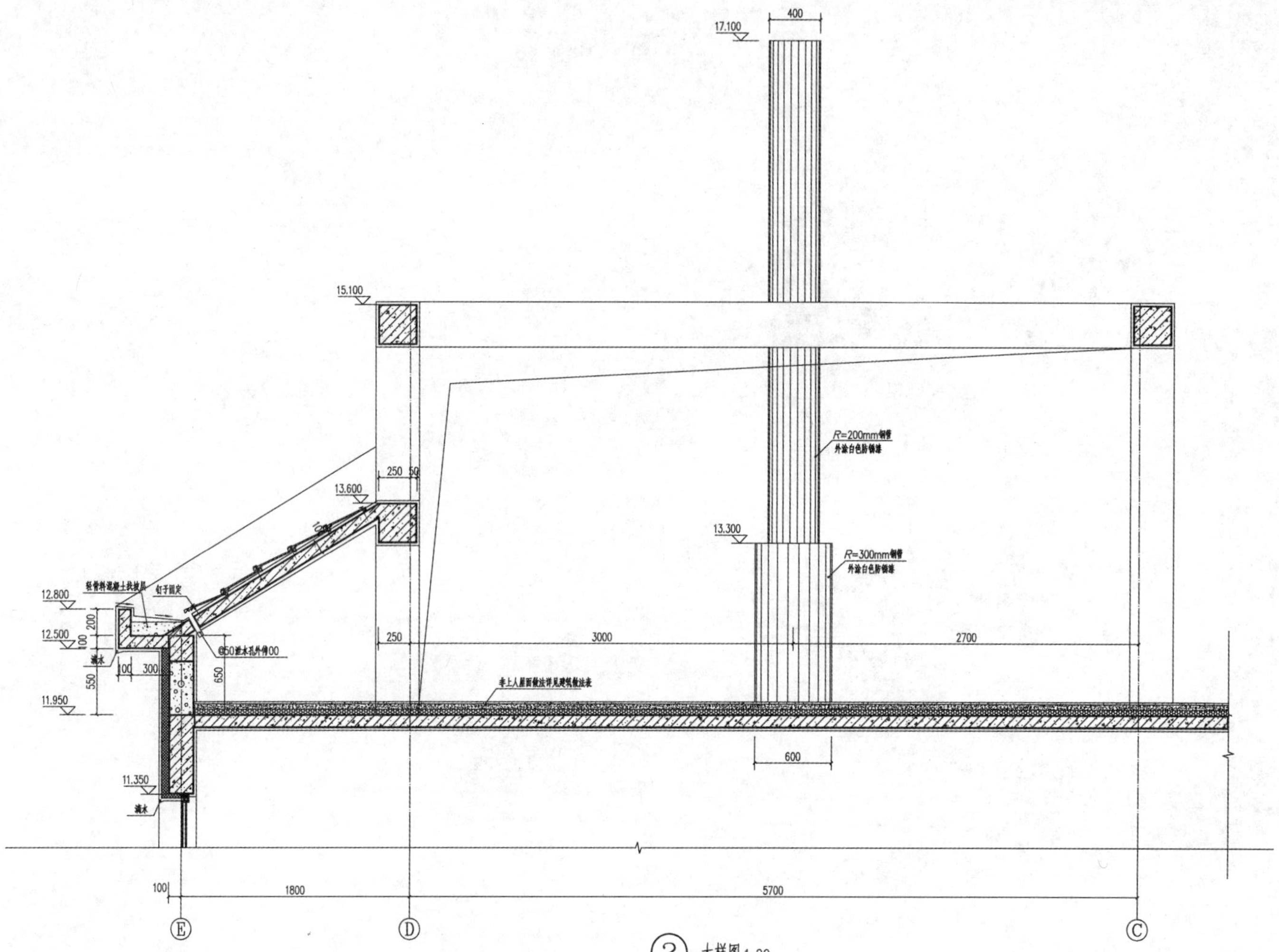

② 大样图1:20

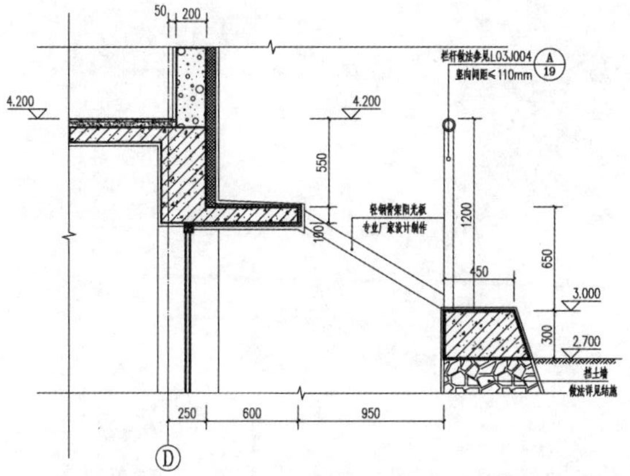

③ 墙身大样图1:20

XX建设设计院		泰山职业技术学院卫生院	审定		专业负责人	图号	13
			院审		复核	专业	建施
资质证书编号	A2370177XX	大样图二	室(所)审		设计	日期	2012-11
注册师印章编号	37017XX-00XX		项目负责人		绘图	第 13 张 共 13 张	

会签		
建筑	暖通	
结构	电气	
给排水	年月日	

项目2 结构施工图

结构设计说明(一)

一、工程概况

1.1 拟建工程为泰山职业技术学院卫生院。该楼位于泰安市泰山区泰山职业技术学院西北角。

1.2 本工程主楼为三层。其地上一层层高4.2m，二层、三层层高3.9m，室内外高差为0.450m，室外地坪为自然地坪，定为标高−0.450m；建筑高度12.450m；建筑总面积3079.20m²。该工程呈"L"字形，结构长度为65.58m，结构宽度为15.60m。

1.3 基础形式为柱下独立基础。

1.4 设计应明确结构用途，在设计使用年限内未经技术鉴定或设计许可，不得改变结构的用途和使用环境。

二、建筑安全等级及设计使用年限

2.1 建筑结构安全等级：二级。

2.2 设计使用年限：50年。

2.3 建筑抗震设防类别：重点设防类别。

2.4 地基基础设计等级：乙级。

2.5 抗震等级：框架结构抗震等级为三级。

2.6 人防地下室抗力等级：无。

2.7 砌体施工质量控制等级：B级。

三、自然条件

3.1 基本风压（50年一遇）ω_0=0.40kN/m²，地面粗糙度类别B类。

3.2 基本雪压 S_0=0.35kN/m²，准永久系数：0.2。

3.3 抗震设防烈度为7度，场地地震基本烈度为7度。设计基本地震加速度0.05g，设计地震分组第三组，特征周期0.35s。

3.4 建筑场地类别：I₁类；不考虑饱和砂土液化对拟建物的不良影响；根据地质报告可知该建筑场地土属中硬土，属抗震有利地段。

3.5 建筑耐火等级：二级。
本工程地上部分各构件的耐火极限分别为：(1)200mm厚加气混凝土砌块为8.0h；(2)钢筋混凝土梁为2.00h；(3) 100mm厚现浇整体式钢筋混凝土楼板及楼梯板为2.00h。以上构件均为非燃烧体，满足耐火等级为二级的各构件耐火极限的要求。

3.6 标准冻深：0.50m。

3.7 (1)场地工程地质条件。
本工程根据泰安市城市建设设计院《泰山职业技术学院卫生院岩土工程勘察报告》(工程编号：2012D26)进行设计。本工程的地质条件如下。

①第1层为杂填土，土质不均匀，主要由花岗岩风化料组成，见少量碎石及植物根系，偶见建筑垃圾。该层分布普遍，层位稳定，层厚0.60~2.50m，平均厚度1.12m，层底标高为171.19 ~174.20m。

②第2层为强风化花岗片麻岩，该层分布普遍，层位稳定，本次勘探未揭穿该层，揭露最大厚度为9.0m。地基承载力特征值为500kPa。

③其余层及土层性质详见下表。

土层编号	土层名称	土层厚度/m	层底标高/m	特征值 f_{ak}/kPa	备注
1	杂填土	0.60~2.50	171.19~174.20	—	
2	强风化花岗片麻岩	0~9.0	未穿透	500	基础持力层
水文地质条件：拟建场地地貌类型属于丘陵地貌单元。场内地下水为第四系孔隙潜水及基岩风化裂隙水，水位埋藏较深，本次勘察深度内未见地下水。场地内地基土对混凝土及混凝土中的钢结构具有微腐蚀性。					

(2)基础。
本工程主楼采用柱下独立基础。基础持力层为强风化花岗片麻岩，地基承载力特征值为500kPa，上部浮土全部清除。基槽开挖后，据实由勘察部门给出相应处理意见。

四、坐标定位与标高设计说明

4.1 本工程施工定位时由建设单位汇同规划局、设计单位、施工单位根据地形测量图及现场勘察标高共同现场确定。

4.2 该工程建筑标高±0.000所对应的绝对标高均为174.280m。

五、本工程设计遵循的标准、规范、规程及技术条件

5.1 《建筑结构可靠度设计统一标准》(GB 50068—2001)。
5.2 《建筑工程抗震设防分类标准》(GB 50223—2008)。
5.3 《建筑结构荷载规范》(GB 50009—2012)。
5.4 《混凝土结构设计规范》(GB 50010—2010)。
5.5 《建筑抗震设计规范》(GB 50011—2010)。
5.6 《高层建筑混凝土结构技术规程》(JGJ 3—2010)。
5.7 《建筑地基基础设计规范》(GB 50007—2011)。
5.8 《蒸压加气混凝土砌块建筑构造》(L10J125)。
5.9 《砌体结构设计规范》(GB 50003—2011)。
5.10 《地下工程防水技术规范》(GB 50108—2008)。
5.11 《建筑工程施工质量验收统一标准》(GB/T 50300—2013)。
5.12 《建筑地基基础工程施工质量验收规范》(GB 50202—2002)。
5.13 《混凝土结构工程施工质量验收规范(2010年版)》(GB 50204—2002)。
5.14 《建筑地基处理技术规范》(JGJ 79—2012)。
5.15 《建筑基坑支护技术规程》(JGJ 120—2012)。
5.16 《钢筋机械连接技术规程》(JGJ 107—2010)。
5.17 《建筑结构制图标准》(GB/T 50105—2010)。
5.18 《砌体结构工程施工质量验收规范》(GB 50203—2011)。
5.19 《工程结构可靠性设计统一标准》(GB 50153—2008)。
5.20 《混凝土异形柱结构技术规程》(JGJ 149—2006)。

六、本工程设计计算所用的计算程序

6.1 本工程采用中国建筑科学研究院 PKPM系列软件(2010 版)进行结构计算及绘图。
6.2 结构平面计算机辅助设计程序采用PMCAD。
6.3 基础计算机辅助设计程序采用JCCAD。
6.4 多高层建筑结构空间有限元分析与设计程序采用SATWE。
6.5 楼梯计算机辅助设计程序采用TSSD。

七、设计采用的活荷载标准值（单位：kN/m²）

药库、中西药取药处	走廊、阳台	候诊大厅	公厕	楼梯间
5.0	2.5	3.0	7.0	3.5
不上人屋面	太阳能屋面	水箱屋面	其他	
0.5	1.5	5.0	2.0	
楼层房间应按建筑图中注明的内容使用，未经技术鉴定或设计单位同意，不得改变结构的用途和使用环境，同时也不得在楼层梁板上增设建筑图中未标注的隔墙。				

八、主要结构材料

8.1 混凝土。
(1)各部分结构构件的混凝土强度等级。

项目名称	构件部位	混凝土强度等级	备注
1	基础垫层	C15	
2	基础底板	C30	
3	过梁、构造柱、圈梁	C25	
4	混凝土柱、梁、板、楼梯	C30	
5	标准构件	标准图集	
6	后浇带	高一级的膨胀混凝土	

(2)混凝土环境类别及耐久性要求。

条件	环境类别	构件或部位	最大水胶比	最大氯离子含量/(%)	最大碱含量/(kN/m³)
与无侵蚀的水或土壤直接接触的环境	二b	首层地面以下外围的梁、柱、基础	0.50(0.55)	0.15	3.0
室内潮湿环境	二a	卫生间楼面结构构件	0.55	0.2	3.0
室内正常环境	一类	其他结构构件	0.60	0.3	不限制

8.2 钢筋、钢材、焊条
(1)热轧钢筋。

钢筋种类(符号)	HPB300(Φ)	HRB335(Φ)	HRB400(Φ)
抗拉(压)强度设计值/(N/mm²)	270	300	360
强度标准值/(N/mm²)	300	335	400

①预埋件的锚筋应采用HPB300级、HRB335级钢筋，严禁采用冷加工钢筋。
②吊钩应采用HPB300级钢筋，但不得采用经冷处理过的钢筋。抗震等级为一、二、三级的框架和斜撑构件(含梯段)，其纵向受力钢筋采用普通钢筋时，钢筋的抗拉强度实测值与屈服强度实测值得比值不应小于1.25；钢筋的屈服强度实测值与屈服强度标准值的比值不应大于1.3，并且钢筋在最大拉力下的伸长率实测值不应小于9%。

(2)钢板与型钢采用Q235 材质的钢材。
(3)焊条：①E43型，用于钢筋与型钢焊接、HPB300钢焊接及HPB300钢与HRB335钢焊接；
②E50型：用于HRB335钢焊接，HRB400钢焊接。焊接应符合JGJ 18—2012以及JGJ 81—2002中的有关规定。

8.3 墙体材料
(1)粉煤灰蒸压加气混凝土采用A3.5，混合砂浆采用M5.0（用于填充墙），容重为7kN/m³。
(2)内隔墙：对无防水防潮要求的部位，采用蒸压加气混凝土砌块墙体厚100mm(梁上或板上)；对有防水防潮要求的部位，采用120mm厚烧结煤矸石砖，容重为22kN/m³(梁上或板上)。

九、混凝土保护层、钢筋锚固与连接

9.1 混凝土保护层。
最外层钢筋的混凝土保护层厚度(钢筋外边缘至混凝土表面的距离)不应小于钢筋的公称直径，并应符合下列规定。

(1)普通混凝土构件的最外层钢筋混凝土保护层最小厚度(单位：mm)。

环境类别	板、墙、壳	梁、柱、杆
一类	15	20
二a类	20	25
二b类	25	35
三a类	30	40
三b类	40	50
注：①混凝土强度等级不大于C25时，表中保护层厚度值应增加5mm；②钢筋混凝土基础宜设置混凝土垫层，基础中的钢筋混凝土保护层厚度应从垫层顶面算起，并且不应小于40mm。		

(2)防水混凝土构件的纵向受力钢筋混凝土保护层最小厚度(单位：mm)。

构件名称	基础底板	地下室顶板(无覆土)	地下室外墙
保护层最小厚度/mm	底面40	底面20	内侧25
	顶面25	顶面25	迎水面(有防水层) 50

9.2 钢筋的锚固。
(1)纵向受拉钢筋的最小锚固长度详见附图2。
(2)纵向受压钢筋的锚固长度不应小于受拉锚固长度的0.7倍。
(3)HPB300级钢筋末端应做180°弯钩，弯后平直段长度不应小于3d，但受压时可不做弯钩。
(4)当HPB335级和HRB400级钢筋在锚固区的混凝土保护层厚度大于钢筋直径的3倍，在配有箍筋时，其锚固长度可乘以修正系数0.8。
(5)当纵向受拉钢筋末端采用弯钩机械锚固措施时，包括弯钩或锚固端头在内的锚固长度(投影长度)可取为基本锚固长度L_{ab}的60%；机械锚固的形式及构造详见规范GB 50010—2010第8.3.3条。
(6)钢筋混凝土墙、柱纵筋伸入基础内的长度，应满足锚固长度L_{aE}的要求，并应伸入基础底部后做水平弯折，弯折长度不小于10d。

9.3 钢筋的连接。
(1)钢筋的连接分为两类：第一类为绑扎连接；第二类为机械连接或焊接。机械连接或焊接接头的类型和质量应符合国家现行有关标准的规定。工程实际中应优先采用机械连接或焊接。
(2)受力筋的连接接头应设置在构件受力较小的部位。对于楼层梁和板，当钢筋需要连接时，上部纵筋一般在跨中1/3范围内连接，下部纵筋一般在跨中1/3范围以外弯距较小处连接。对于地下室底板、基础梁等，除注明外，应按倒置板、倒置梁的要求，即上部纵筋一般在跨中1/3范围外连接，下部纵筋一般在跨中1/3范围之内连接。
(3)本工程钢筋应优先采用机械接头。钢筋直径d≥28时应采用机械连接；d=25时宜采用机械连接。
(4)抗震设计时，纵向受力钢筋的连接接头宜避开梁端和柱端箍筋加密区范围。无法避开时，应采用满足等强度连接要求的高质量机械连接接头，并且钢筋接头面积百分率不应超过50%。
(5)特别注明为轴心受拉及小偏心受拉的构件(如拱的拉杆、下挂柱等)，其纵向受力钢筋不得采用绑扎搭接接头。
(6)直径承受动力荷载的结构构件中，不应采用焊接接头。
(7)绑扎搭接接头的有关要求如下。
①受拉钢筋的最小搭接长度：除详图注明以外，受拉钢筋绑扎搭接的搭接长度应根据位于同一连接区段内搭接钢筋的接头面积百分率应采用图集11G101−1中第53页的相关内容。其中，钢筋绑扎搭接接头连接区段内的长度为1.3倍搭接长度。凡搭接接头中点位于该连接区段长度内的搭接接头均属于统一连接区段。
②同一构件中相邻纵向钢筋的绑扎搭接接头宜相互错开，绑扎搭接接头中钢筋的横向净距离不应小于钢筋直径，并且不应小于25mm。
③同一连接区段内的受拉钢筋搭接接头面积百分率：对梁、板、墙、柱不应大于50%。
④在任何情况下，纵向受拉钢筋绑扎搭接接头的搭接长度均不应小于300mm。
⑤纵向受压钢筋搭接长度不应小于纵向受拉钢筋搭接长度的0.7倍，并且在任何情况下不应小于200mm。
⑥在梁、柱构件的纵向受力钢筋搭接长度范围内，除另有说明外，应按下列要求配置箍筋：箍筋直径不应小于8mm，受拉搭接区段的箍筋间距不应大于100mm或搭接钢筋较小直径的5倍，受拉搭接区段的箍筋间距不应大于150mm或搭接钢筋较小直径的10倍。
(8)机械连接接头的有关要求如下。
①纵向受力钢筋机械连接接头宜相互错开。钢筋机械连接接头连接区段的长度为35d(d为纵向受力钢筋的较大直径)，凡接头中点位于该连接区段长度的机械连接接头均属于同一连接区段。
②同一连接区段的纵向受拉钢筋机械接头面积百分率不应大于50%。纵向受压钢筋的钢筋接头面积百分率可不受限制。
③机械连接接头连接件的混凝土保护层厚度宜满足纵向受力钢筋的最小保护层厚度的要求。连接件之间的横向净距不宜小于25mm。
(9)焊接连接接头的有关要求如下。
①纵向受力钢筋的焊接连接接头应相互错开。钢筋焊接连接接头连接区段的长度为35d(d为纵向受力钢筋的较大直径)，并且不小于500mm，凡接头中点位于该连接区段长度内的机械连接接头均属于同一连接区段。
②同一连接区段的纵向受拉钢筋焊接接头面积百分率不应大于50%。纵向受压钢筋的钢筋接头面积百分率可不受限制。

9.4 抗震等级为一、二、三级的框架和斜撑构件(含梯段)，其纵向受力钢筋采用普通钢筋时，钢筋的抗拉强度实测值与屈服强度实测值的比值不应小于1.25，钢筋的屈服强度实测值与屈服强度标准值得比值不应大于1.3，并且钢筋在最大拉力下得总伸长率实测值不应小于9%。

十、地基基础工程

10.1 场地地质条件详见本页3.7条。

10.2 基础类型：本工程采用柱下独立基础。

10.3 基础施工。
(1)应在完成基槽检验最终验收并合格后，方可进行基础的施工。
(2)除注明外，底板的底部均做C15素混凝土垫层，垫层厚度以实际为准。
(3)本工程设计地面以下外墙迎水面应做可靠的建筑防水层。
(4)防水混凝土拌合物在运输后出现离析，必须进行二次搅拌。当坍落度损失后不能满足施工要求时，应加入原水灰比的水泥砂浆或二次掺加减水剂进行搅拌，严禁直接加水。
(5)防水混凝土终凝后应立即进行养护，养护时间不得少于14天。施工时切忌模板提早拆除。

10.4 基坑回填。
(1)设计地面以下外墙周围500mm范围以内宜用灰土、黏土或粉质黏土回填，其中不得含有石块、碎砖及有机物等，也不得有冻土。回填施工应均匀对称进行，并分层夯实。人工夯实每层厚度不大于250 mm，机械夯实时不大于300mm。
(2)不得使用淤泥、耕土、冻土、膨胀性土、建筑垃圾及有机质含量大于5%的土作回填土。
(3)基坑回填时，应采取措施防止损伤防水层。
(4)回填土压实系数：地面标高以下应不小于0.94；采用砂土回填时，干密度应不小于1.65t/m³。
(5)基础施工完毕后，应及时进行基坑回填工作。回填基坑时，应先清除基坑中的杂物，并应在相对的两侧或四周同时回填并分层夯实。

十一、现浇钢筋混凝土框架、楼板的构造要求

11.1 钢筋混凝土梁。
(1)楼层(包括屋面)框架梁纵向钢筋构造详见国标图集11G101−1中第79~80页。
(2)框架梁中间支座纵向钢筋构造详见国标图集11G101−1中第84页。
(3)框架梁箍筋、附加箍筋、吊筋、梁侧面纵向构造钢筋和拉筋的构造详见国标图集11G101−1中第87页。
(4)非框架梁箍筋、附加箍筋、吊筋、梁侧面纵向构造钢筋和拉筋的构造详见国标图集11G101−1中第86~87页。
(5)非框架梁中间支座纵向钢筋构造及各类悬挑梁的配筋构造详见国标图集11G101−1中第89页。
(6)梁上起柱节点见11G101−1中第61页，梁上柱的纵筋搭接、箍筋加密区同普通框架柱。
(7)主、次梁高相同时，次梁下部纵向钢筋应置于主梁下部纵向钢筋之上。
(8)梁折角处钢筋构造按附图10处理，折角处梁附加箍筋直径、肢数同梁箍筋。
(9)当梁与柱边齐平时，除在基础中地梁主筋应在柱的纵筋外面及梁上种柱处外，其余梁的主筋应弯入柱纵筋里面。
(10)悬臂梁及跨度大于8m的梁的底部支撑须待混凝土强度达到100%设计强度后方可拆除。其余构件的底模及其支架拆除时混凝土强度应符合GB 50204-2002中的要求。
(11)梁上开洞补强节点详见附图11。
(12)除另有说明外，对跨度大于等于4m，或者悬挑大于等于2m的梁应按施工规范起拱。
(13)井字梁的配筋构造详见国标图集11G101−1中第91页。
(14)主次梁斜交的箍筋构造详见国标图集11G101−1中第86页。
(15)框架梁的加腋构造详见国标图集11G101−1中第83页。

11.2 钢筋混凝土柱。
(1)框架柱纵向钢筋连接构造详见国标图集11G101−1中第57页。
(2)框架边柱和角柱柱顶纵向钢筋连接构造详见国标图集11G101−1中第59页
(3)框架中柱柱顶和柱变截面位置纵向钢筋构造详见国标图集11G101−1中第60页。
(4)框架柱和梁上柱箍筋加密区范围详见国标图集11G101−1中第61~62页。
(5)柱子与圈梁、现浇过梁相连时，均应按建筑图中墙的位置以及相应的圈梁、过梁位置由柱子留出相应的钢筋，配筋说明见图纸，钢筋长度为柱子内外各40d。

11.3 现浇钢筋混凝土板。
(1)现浇板钢筋的锚固、连接等构造详见国标图集04G101−4中第24~28页。现浇板支座钢筋示意图详见附图5。
(2)双向板的底部钢筋：短跨钢筋置下排，长跨钢筋置上排。双向板的上部钢筋：短跨钢筋置上排，长跨钢筋置下排。
(3)当板底与梁底平齐时，板底钢筋伸入梁内须置于梁下部第一排纵向钢筋之上。
(4)当相邻板在支座两侧的高差Δh<30mm时，配筋相同的板面钢筋可弯折后拉通；当Δh≥30mm时，应作分离处理，板面钢筋必须满足锚固长度要求，详见附图6。
(5)楼内埋设设备管线时，所铺设管线应放在板底钢筋之上，板面钢筋之下，并且管线的混凝土保护层厚度不应小于30mm。当管线上方无板筋时，应沿预埋管走向设置板面附加钢筋网带(Φ6@150x200)，详见附图7。
(6)板上孔洞应预留，避免后凿。一般结构平面图中标示出洞口尺寸大于300mm的孔洞，施工时各工种必须根据各专业图纸配合土建预留全部孔洞。当孔洞尺寸小于300mm时，洞边不再另加钢筋，板筋由洞边绕过，不得截断。当孔洞尺寸大于300mm且未设边梁时，应设洞边加筋，按平面图示出的要求施工，当平面图未交代时，一律按如下要求：洞口每侧各2根，其截面积不得小于被洞口截断之钢筋面积，并且不小于2Φ12，长度为单向板受力方向以及双向板的两个方向沿跨度通长，并锚入梁内，垂直单向板的受力方向洞口加筋长度为洞口宽两侧各加L_{aE}，详见附图24。
(7)未注明楼板支座负筋长度标注尺寸界线时，支座负筋下方标注的数值为自梁(墙、柱)边起算的直线长度，详见附图5。
(8)需封堵的水电等设备管井，板内钢筋不截断，待管道安装完成后再浇筑混凝土。
(9)非受力方向楼梯板与混凝土墙相连时，混凝土墙内应设拉筋与梯板连接。
(10)墙厚大于等于120mm且隔墙直接支承在板上时，除施工详图中注明者外，楼板板面、板底均应沿墙体方向设加筋：板跨大于等于3m时，加筋上下各2Φ14；板跨小于3m时，加筋上下各2Φ16。
(11)地下室外墙，水池壁板在转角位置另加Φ10@200筋。
(12)各层楼屋面异型板在墙或柱的阳角处，应加设双层双向附加钢筋网(见附图21)，当该跨楼板为双层双向通长配筋时，如板角处钢筋间距未满足上述要求时，则可另加Φ8短筋满足间距要求。在屋面檐口板阳角的板面处，应加设放射筋，详见附图22。
(13)折板钢筋的构造见附图23。
(14)应设置支撑确保板面负筋位置正确，不得下沉。
(15)未经设计人员同意，不得随意在板上打洞、剔凿；楼板上后砌隔墙的位置应严格遵守建筑施工图，不可随意砌筑。

十二、砌体填充墙

12.1 砌体填充墙平面位置详见建筑施工图，不得随意更改。应配合建施图，按要求预留墙体拉筋。

12.2 砌体填充墙应沿框架柱(包括构造柱)或钢筋混凝土墙全高每隔500mm设置2Φ6的拉筋，拉筋应沿填充墙全长贯通，详见附图12。在框架平面外的填充墙拉筋构造详见附图13。

12.3 当因填充墙转角部位底部无梁而未能设置构造柱时，应沿墙高每隔500mm设置转角拉筋，详见附图14。

12.4 当砌体填充墙两端(包括门洞、窗洞边)及转角处无框架柱或混凝土墙时，须在填充墙端部及转角处加设混凝土构造柱。墙长大于5m时，墙顶与梁宜有拉结；墙长超过8m或层高2倍时应加设钢筋混凝土构造柱，构造柱配筋4Φ12 箍筋为Φ6@200 填充墙高度超过4m时，应在墙高中部设置与柱连接的通长钢筋混凝土水平系梁，梁高为200mm，拉梁配筋4Φ12 箍筋为Φ6@200，构造柱及拉梁的混凝土采用C25混凝土。构造柱梁底连接构造见附图26。
(1)填充墙长度大于5m时，墙顶与梁应设拉结，沿墙长度方向每隔4m设置一根构造柱。
(2)外墙及楼梯间墙转角处应设置构造柱。

XX建筑设计院	泰山职业技术学院卫生院	审定		专业负责人		图号	1
	结构设计说明(一)	院审		复核		专业	结施
资质证书编号 15131xx		室(所)审		设计		日期	2012-11
注册师印章编号 15131xx-x		项目负责人		绘图		第1张 共25张	

结构设计说明(二)

会签		
建筑		
结构	给排水	
电气	暖通	
年	月	日

(3)填充墙端部无翼墙或混凝土柱(墙)时，在端部增设构造柱。
(4)宽度超过2m的门窗洞口两侧，其构造柱尺寸：墙宽为240mm，配筋为φ6@200×240。
(5)构造柱梁底连接构造见附图26。

12.5 楼梯间和人流通道的填充墙，应采用φ4@50钢丝网砂浆面层加强。

12.6 填充墙不砌至梁、板底时，墙顶必须增设一道通长圈梁。圈梁高200mm、宽同墙宽，配筋为4⌀12，φ6@200。

12.7 填充墙内的构造柱应先砌墙后浇混凝土，主体结构施工时，应在上下楼层梁的相应位置预留相同直径和数量的插筋与构造柱纵筋连接。

12.8 框架柱(或构造柱)边砖墙垛长度不大于120mm时，可采用素混凝土整浇。

12.9 砌体内门窗洞口顶部无梁时，均按附图3的要求设置钢筋混凝土过梁。

12.10 在填充墙与混凝土构件周边接缝处，应固定设置镀锌钢丝网，其宽度不小于200mm。

12.11 砌块墙体开设管线槽时应使用开槽机，严禁敲击成槽。管线埋设后，小孔和小槽用水泥砂浆填补，大孔和大槽用细石混凝土填满。

12.12 女儿墙构造柱沿墙长每2m左右设一根，转角处应设构造柱，配筋构造见附图25。

12.13 除以上所注构造要求外，也可参照国标图集06CG01。

12.14 钢筋混凝土构造柱在施工时应先砌墙后浇构造柱。

十三、关于采用"平法"制图规则绘制结构施工图的补充说明

13.1 本工程引用《混凝土结构施工图平面整体表示方法制图规则和构造详图》(现浇混凝土框架、剪力墙、梁、板)(11G101-1)，采用平法制图规则绘制结构施工图。但有关结构的构造要求，若本说明中已有的，应以本说明为准。对本说明及施工图中未作交代的有关构造，则按该图集中相关的构造详图施工。

13.2 对于梁配筋平面图中编号为KL的框架梁，当某一支座为梁时，则框架梁在该支座的纵筋锚固按非框架梁要求执行，并且该支座两侧的箍筋可不加密。

13.3 当编号为KL的楼层框架梁的端部支座为钢筋混凝土柱(墙)顶部时，则该梁端的纵筋锚固应按屋面框架梁WKL的要求执行。

13.4 除梁配筋图中已注明的外，当梁腹板高度大于等于450mm时，应在梁的两侧设置构造纵筋(腰筋)，详见附图4。拉筋直径与箍筋直径相同，间距为非加密区箍筋间距的2倍。当设有多排拉筋时，上下两排拉筋应上下错开设置。

13.5 除施工图中已注明的，梁宽小于350mm时设双肢箍，梁宽大于等于350mm时设四肢箍。当采用四肢箍时，若梁上部或下部纵筋少于4根时，采用⌀12补足架立筋(施工图中另有注明者除外)。

十四、其他说明

14.1 本工程尺寸以毫米计，标高以米计。

14.2 沉降观测：沉降观测点位置详见本工程一层结构平面布置图。沉降观测自完成±0.000层开始，每施工一层观测一次，结顶后每月观测一次，竣工验收后第一年观测次数不少于四次，第二年不少于两次，以后每年不少于一次，直至建筑物沉降稳定。若发现沉降异常，应及时通知设计单位。沉降观测点做法详见附图15。

14.3 卫生间、厨房墙体，做300mm高与墙同宽素混凝土翻边构造，见附图27。

14.4 电梯订货必须符合本施工图预留的洞口尺寸及构柱埋件。订货后应提供电梯的施工详图给设计单位，以便进行尺寸复核。预留机房孔洞及设置吊钩等。

14.5 所有预留孔洞、预埋套管，应根据各专业图纸，由各工种施工人员核对无误后方可施工。结构图纸中标注的预留孔洞等与各专业图纸不符时，应事先通知设计人员处理。

14.6 预埋件的设置：建筑幕墙、吊顶、门窗、楼梯栏杆、电缆桥架、管道支架以及电梯导轨等与主体结构连接时，各工种应密切配合进行预埋件的埋设，不得随意采用膨胀螺栓固定。建筑幕墙与主体结构的连接必须采用预埋件连接。

14.7 预埋件的锚筋(锚固角钢)不得与构件中的主筋相碰，并应放置在构件最外层主筋的内侧。预埋件不应突出构件表面，也不应大于构件的外形尺寸，锚板尺寸较大时应在钢板上开设排气孔(φ30)，确保混凝土浇捣密实。预埋件的外露部分应在除锈后涂以防锈漆。

14.8 施工中混凝土强度达到70%时方可拆除底模和浇筑上层混凝土；在悬挑梁、板等结构上的支撑，必须在混凝土强度达到设计强度的100%时方可拆除。

14.9 屋面天沟及雨篷等应设置必要的过水管(孔)，施工完毕后必须清扫干净，保持排水畅通。过水管(孔)设置的标高应考虑建筑面层的厚度。

14.10 施工楼面堆载不得超过设计使用荷载。

14.11 防雷接地做法详见电气施工图。

14.12 蒸压轻质砂加气混凝土(AAC)砌块砌体构造可参照图集06CG01，及国家建筑标准设计图集《蒸压加气混凝土砌块建筑构造》(03J104)。

14.13 钢筋混凝土栏板每隔12m设置20mm宽温度缝。

14.14 当需要以强度等级较高的钢筋代替原设计中的纵向受力钢筋时，应按照钢筋受拉承载力设计值相等的原则换算，并应满足最小配筋率要求。

14.15 结构梁平法配筋图每层应独立编号。

14.16 本总说明未做详尽规定或未及之处按现行有关规范、规程执行。

十五、选用的标准图集及通用图集

15.1《混凝土结构施工图平面整体表示方法制图规则和构造详图(现浇混凝土框架、剪力墙、梁、板)》(11G101-1)。
15.2《混凝土结构施工图平面整体表示方法制图规则和构造详图(独立基础、条形基础、筏形基础及桩基承台)》(11G101-3)。
15.3《混凝土结构施工图平面整体表示方法制图规则和构造详图(现浇混凝土板式楼梯)》(11G101-2)。
15.4《钢筋混凝土过梁》(L03G303)。
15.5《地沟及盖板》(2009年合订本)(J331、J332、G221)。
15.6《建筑物抗震构造详图》(多层和高层钢筋混凝土房屋)(11G329-1)。
15.7《钢筋混凝土结构预埋件》(04G362)。
15.8《蒸压加气混凝土砌块建筑构造》(03J104)。
(部分附图如下。)

混凝土强度等级C30(C35)	最小锚固长度 L_{aE}	最小搭接长度 L_{lE}
HPB300	25d(23d)	30d(28d)
HRB335	31d(29d)	38d(35d)
HRB400	37d(34d)	45d(41d)

附图2 纵向受拉钢筋最小锚固及搭接长度

注：(1) d为钢筋直径；
(2) 未注明的详见11G101-1中第53、54页；
(3) 梁、板、柱、墙搭接接头面积率不大于50%。

净跨 L_0	L_0≤1000	1000<L_0≤1500	1500<L_0≤2000	2000<L_0≤2500
梁高 h	120	150	180	240
支承长度 a	180	240	240	360
面筋 ①	2⌀10	2⌀10	2⌀10	2⌀12
底筋 ②	2⌀10	2⌀12	2⌀14	2⌀16
箍筋 ③	⌀6@200	⌀6@200	⌀6@200	⌀6@200

附图3 钢筋混凝土过梁截面配筋

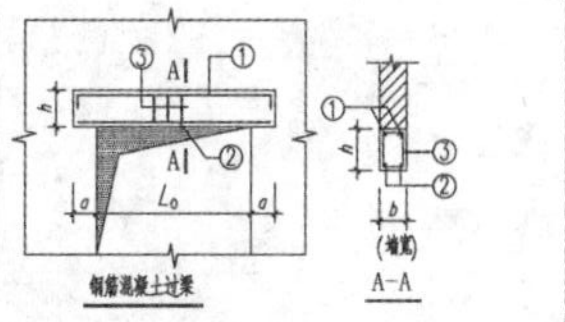

钢筋混凝土过梁　A-A

b \ h_w	h_w=450	450<h_w≤600	600<h_w≤800	800<h_w≤1000	1000<h_w≤1200	1200<h_w≤1400	1400<h_w≤1600
b≤250	1X2⌀12	2X2⌀12	3X2⌀12	4X2⌀12	5X2⌀14	6X2⌀14	7X2⌀14
300<b≤450	1X2⌀16	2X2⌀14	3X2⌀14	4X2⌀14	5X2⌀14	6X2⌀16	7X2⌀16
500<b≤750	1X2⌀20	2X2⌀18	3X2⌀16	4X2⌀16	5X2⌀16	6X2⌀16	7X2⌀16

(注：当梁侧配有抗扭纵筋时，在按上表确定梁侧构造纵筋(腰筋)数量时可减除抗扭纵筋根数后设置)。

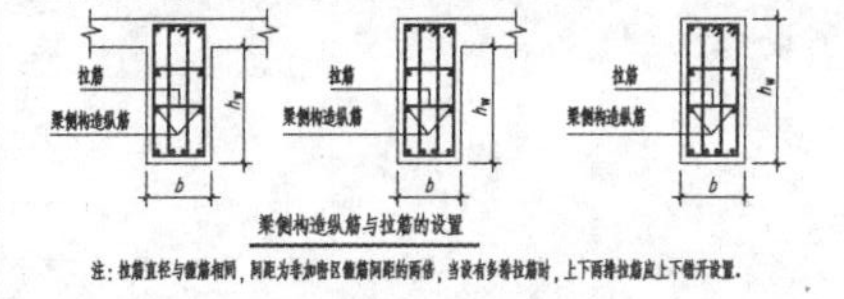

梁侧构造纵筋与拉筋的设置

附图4 梁侧向纵筋数量(施工图另有注明时按施工图来操作)

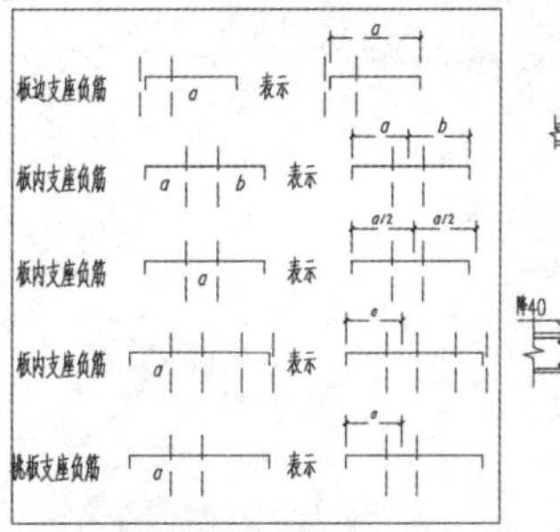

附图5 现浇板支座负筋示意图

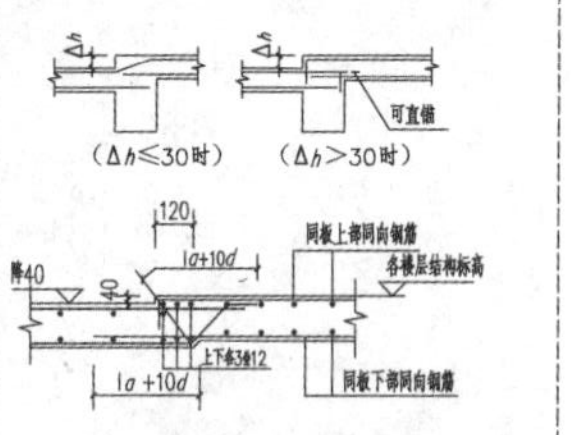

附图6 现浇板板平不一平负筋构造

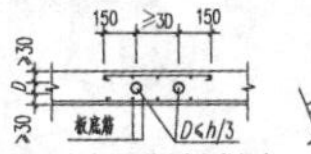

附图7 板内预埋管附加钢筋构造

附图10 梁折角处钢筋构造
(注：β>160°时纵筋可不分离)

注：(1)开孔应在梁高的中部范围，孔尽量做成圆形；(2)多孔并列时，孔中心不得小于孔直径的3倍，并且净距不得小于梁高的1/3及200mm；(3)梁高小于450mm时，梁上不得留洞；(4)①号筋：梁宽b<300mm时为2⌀16，300mm<b<600mm时为3⌀16，600mm<b<900mm为4⌀16。

附图11 梁上孔洞加强筋构造

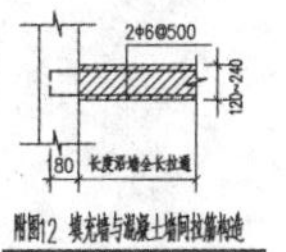

附图12 填充墙与混凝土墙间拉接构造

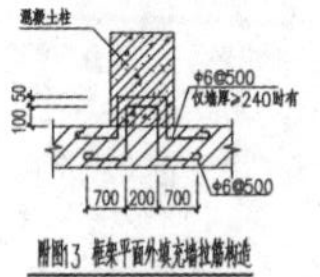

附图13 框架平面外填充墙拉接构造

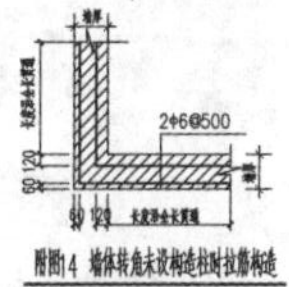

附图14 墙体转角处及交接处拉结构造

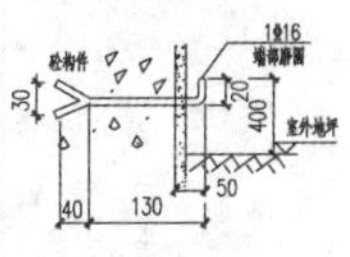

附图15 沉降观测点

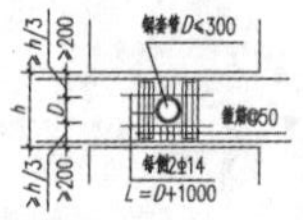

附图16 连梁洞加补强构造

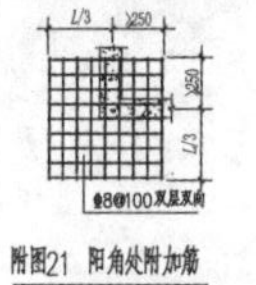

附图21 阳角处附加筋
(L取两个板跨方向中跨度的较大值)

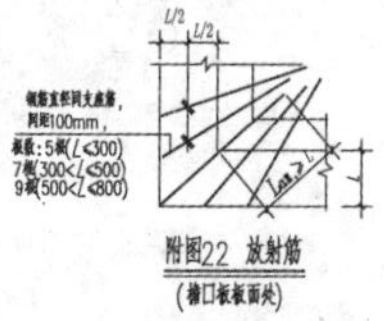

附图22 放射筋

附图23 折板钢筋构造

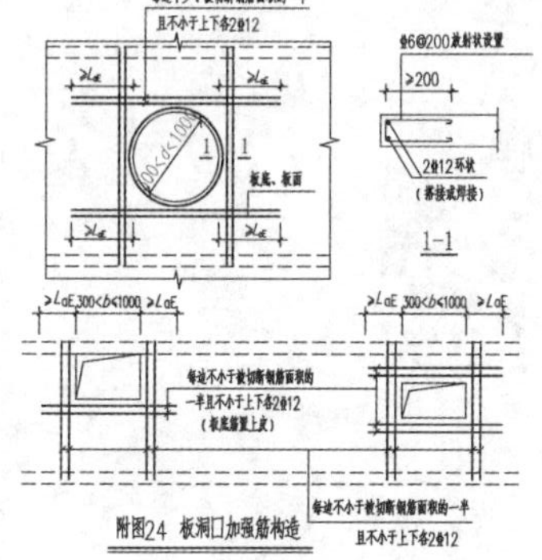

附图24 板洞口加强筋构造

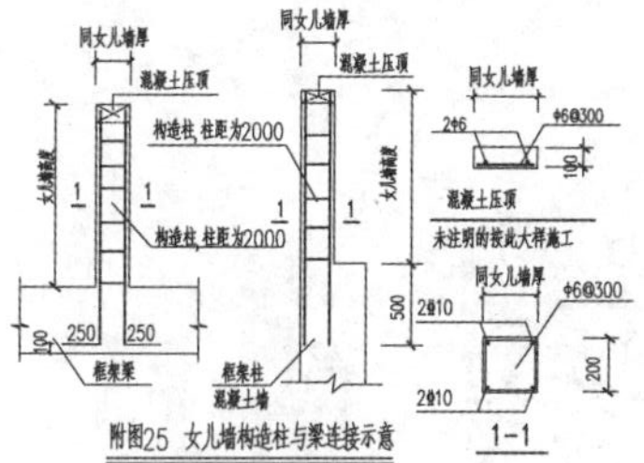

附图25 女儿墙构造柱与梁连接示意

注：(1)构造柱均采用C20混凝土浇注。
(2)女儿墙与构造柱间设置拉接筋⌀6@500。

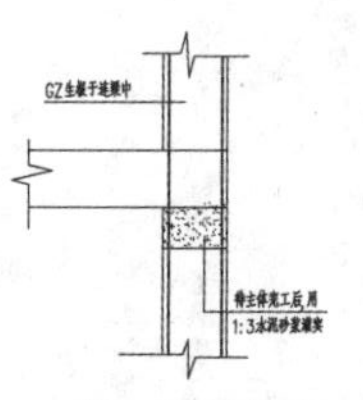

附图26 各层构造柱梁底大样

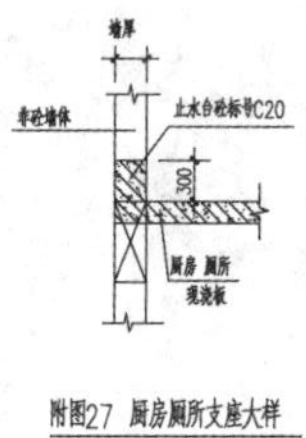

附图27 厨房厕所支座大样

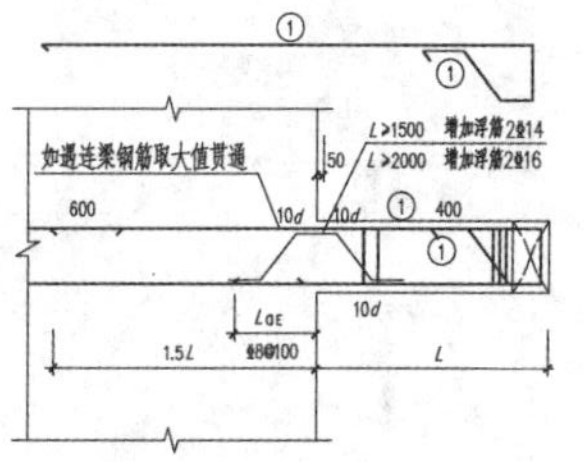

附图29 剪力墙洞梁大样
参照11G101-1

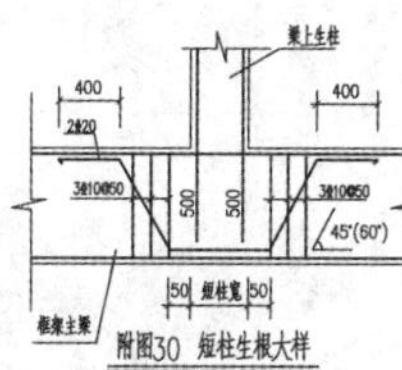

附图30 短柱生根大样

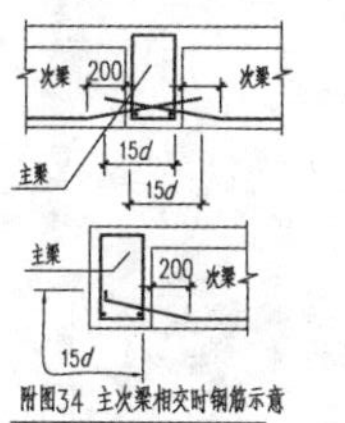

附图34 主次梁相交时钢筋示意
注：d为次梁最粗的最大直径

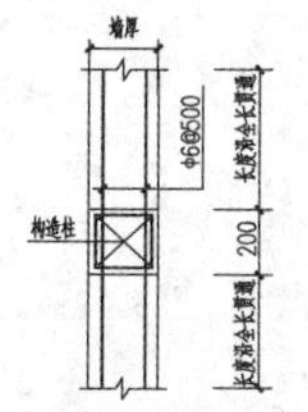

附图38 构造柱与填充墙连接做法

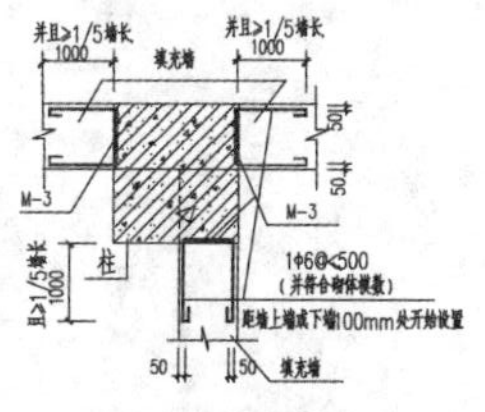

附图36 柱与填充墙连接

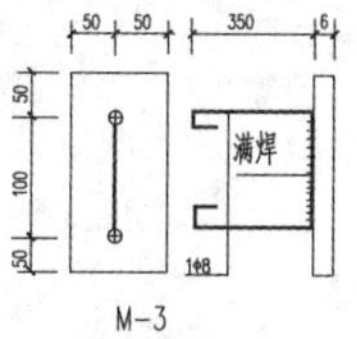

M-3
墙柱拉筋预埋件

结构施工图图纸目录表

XX建筑设计院		泰山职业技术学院卫生院	审定		专业负责人		图号	2
		结构设计说明(二)	院审		复核		专业	结施
资质证书编号	15131xx		室(所)审		设计		日期	2012-11
注册师印章编号	15131xx-x		项目负责人		绘图		第2张共25张	

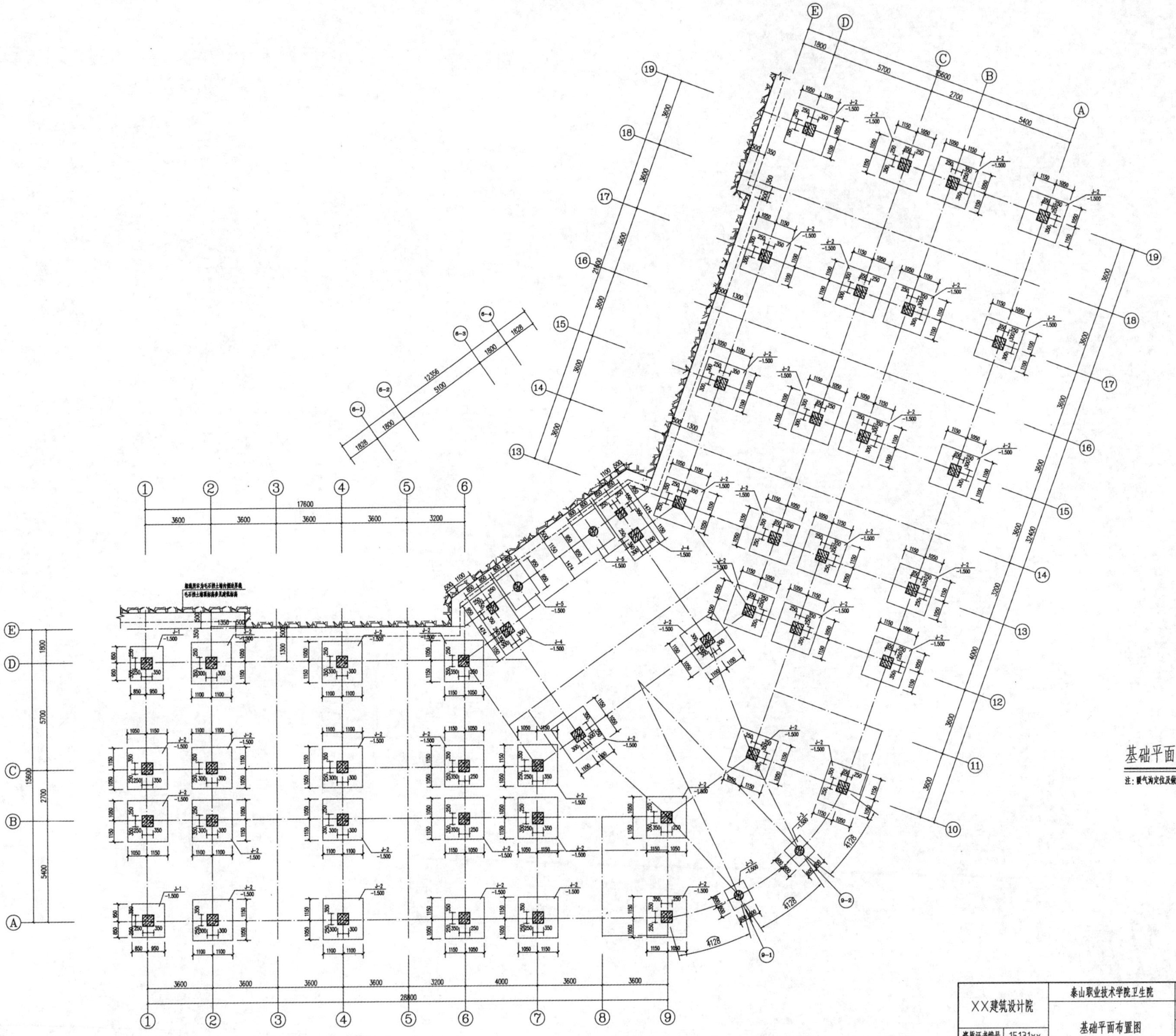

基础平面布置图 1:100

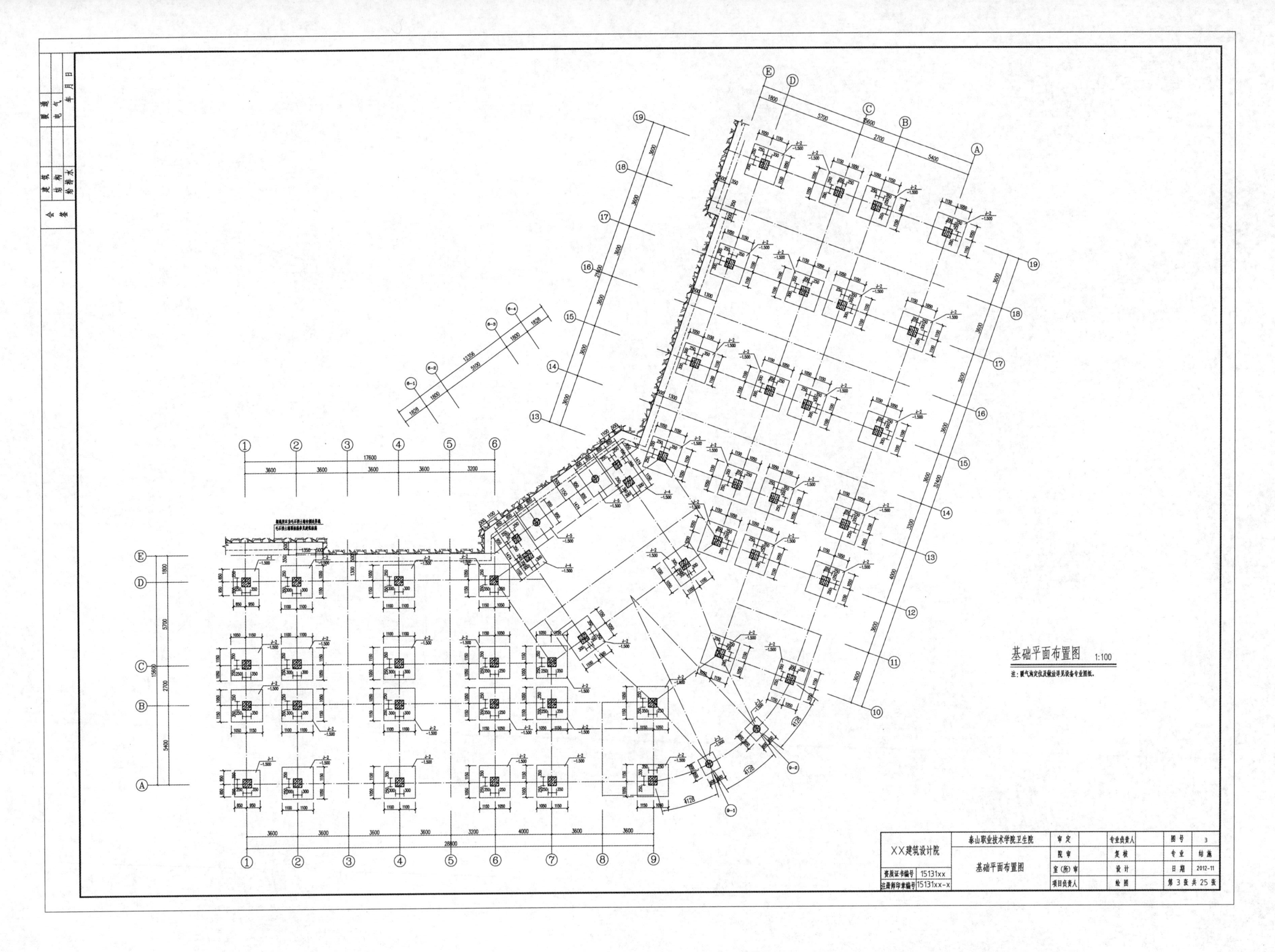

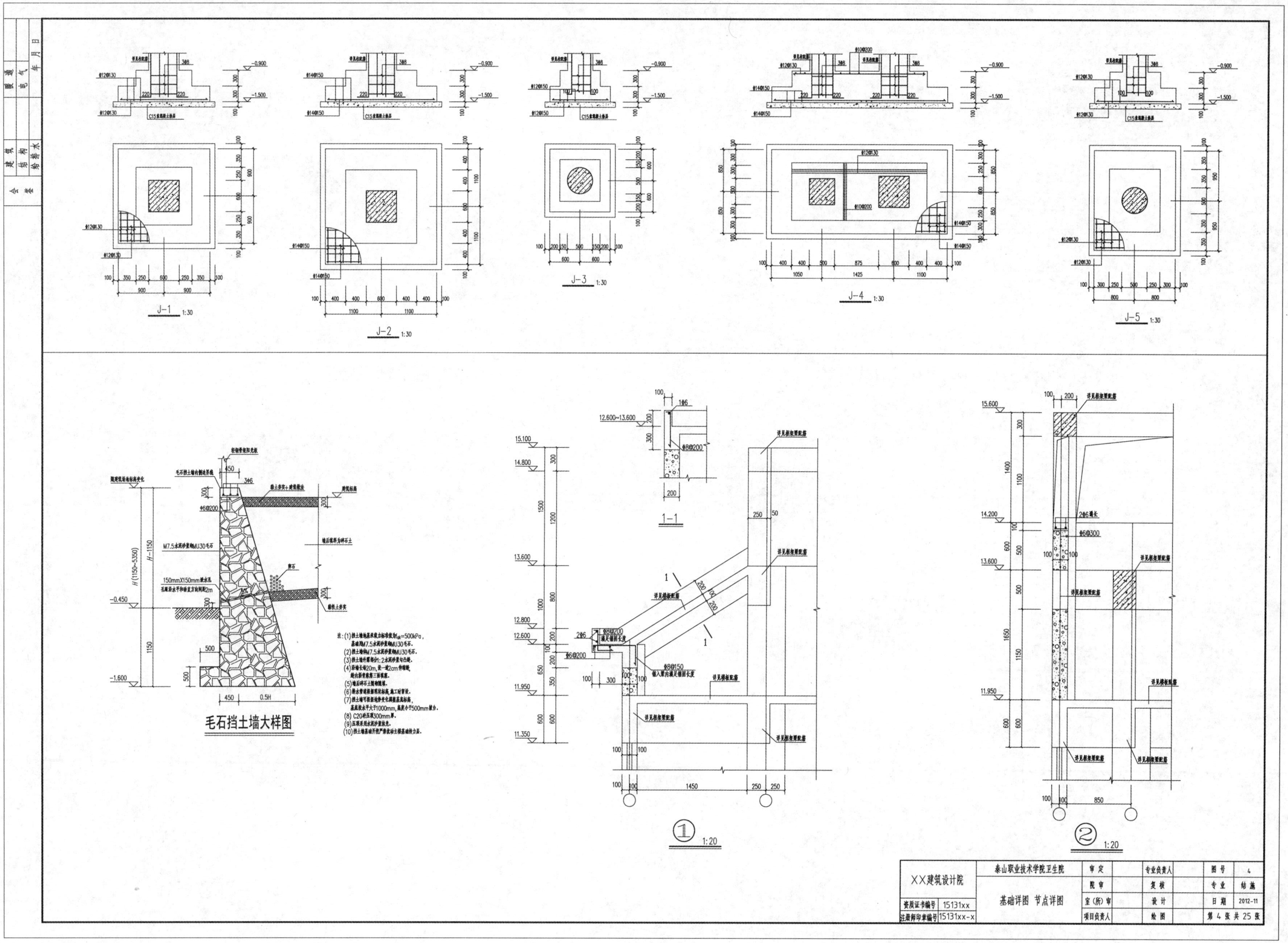
J-1 1:30
J-2 1:30
J-3 1:30
J-4 1:30
J-5 1:30
毛石挡土墙大样图
注：(1)挡土墙地基承载力标准值为fak=500kPa，
基础用M7.5水泥砂浆砌MU30毛石。
(2)挡土墙体M7.5水泥砂浆砌MU30毛石。
(3)挡土墙外露部分1:2水泥砂浆勾凸缝。
(4)沿墙长每20m，设一道2cm伸缩缝，
缝内沥青麻筋三面填塞。
(5)墙后碎石土随砌随填。
(6)排水管道根据现状标高，施工时留设。
(7)挡土墙可根据地势变化调整基底标高，
基底按水平大于1000mm，高度小于500mm放台。
(8) C20砼压顶300mm厚。
(9)压顶采用水泥砂浆抹光。
(10)挡土墙基础开挖严禁扰动主楼基础持力层。
1-1
① 1:20
② 1:20
XX建筑设计院
资质证书编号 15131xx
注册师印章编号 15131xx-x
泰山职业技术学院卫生院
基础详图 节点详图
审定
院审
室(所)审
项目负责人
专业负责人
复核
设计
绘图
图号 4
专业 结施
日期 2012-11
第 4 张 共 25 张

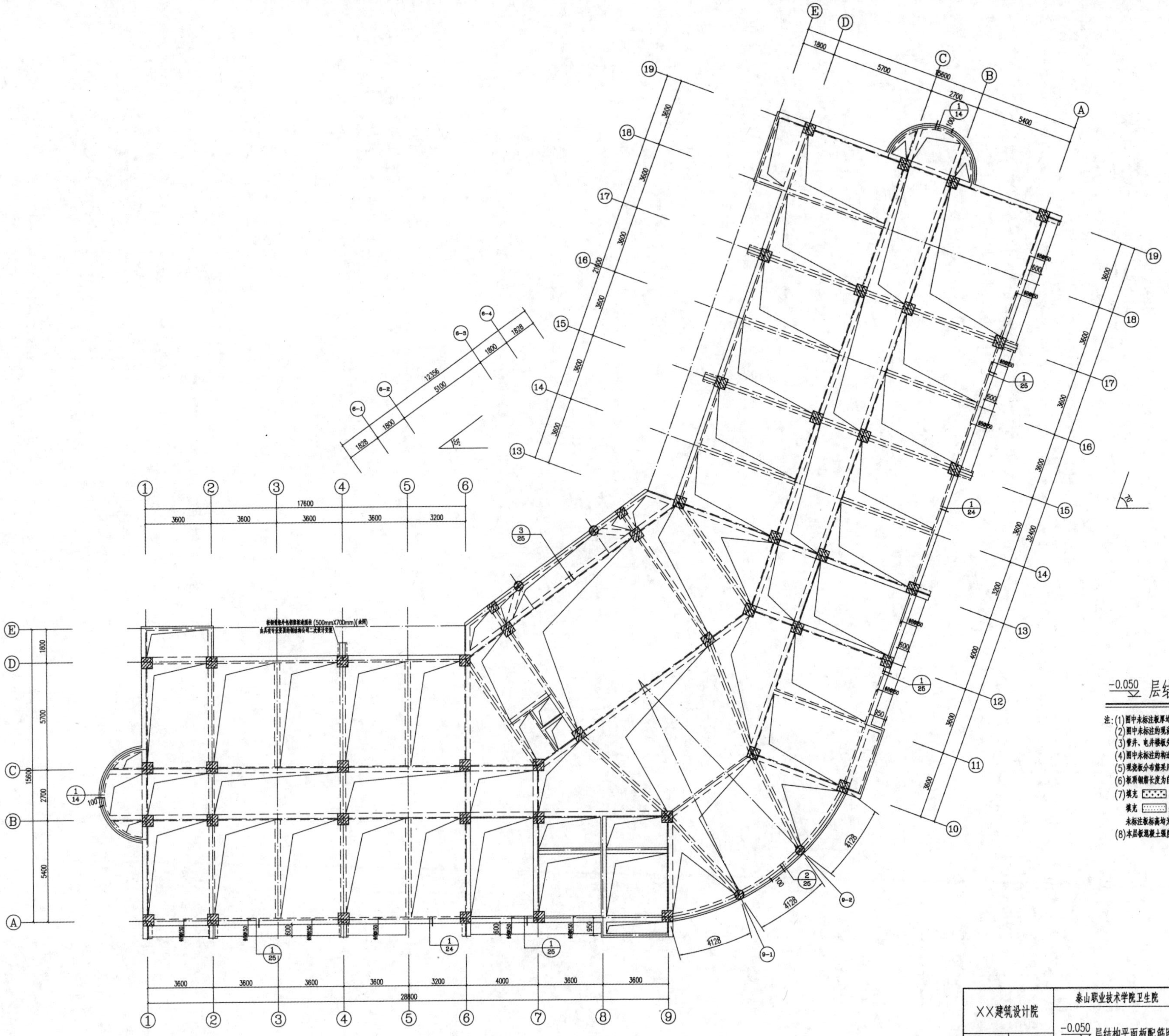

$\underline{-0.050}$ 层结构平面板配筋图 1:100

注：(1)图中未标注板厚均为100mm。
(2)图中未标注的现浇板底筋和负筋均为Φ8@200。
(3)管井、电井楼板先预甩钢筋待设备安装完毕后再行封板。
(4)图中未标注的构造柱设置详见结施说明。
(5)现浇板分布筋采用Φ6@250。
(6)板顶钢筋长度为自梁或墙中算起。
(7)填充 [图例] 处板顶标高比结构标高低15mm，
填充 [图例] 处板顶标高比结构标高30mm，
未标注板标高均为结构标高。
(8)本层板混凝土强度等级为C30。

XX建筑设计院	泰山职业技术学院卫生院	审定	专业负责人	图号	5
		院审	复核	专业	结施
资质证书编号 15131xx	$\underline{-0.050}$ 层结构平面板配筋图	室(所)审	设计	日期	2012-11
注册师印章编号 15131xx-x		项目负责人	绘图	第5张共25张	

会签	建筑 / 结构 / 给排水 / 暖通 / 电气 / 年月日

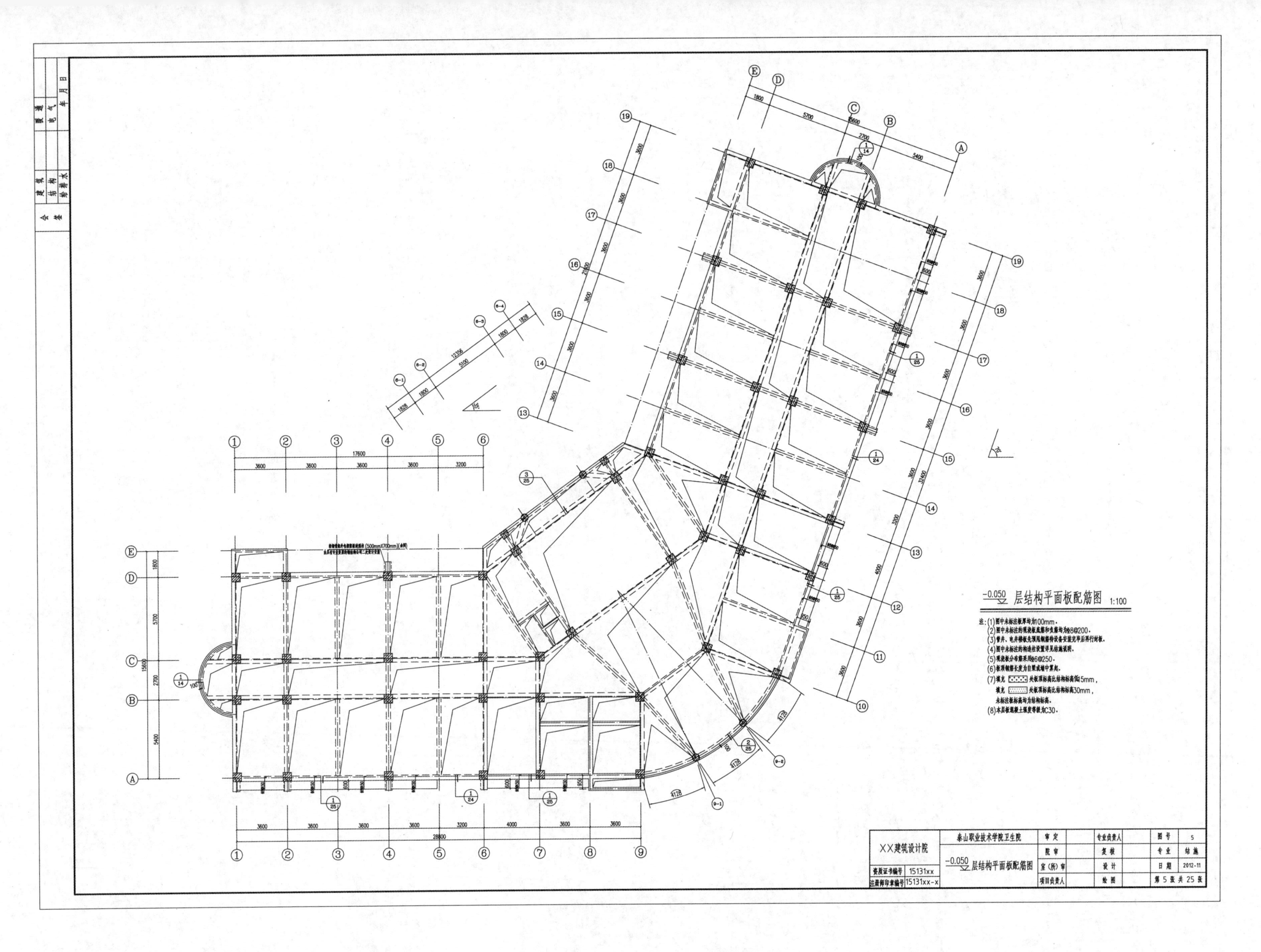

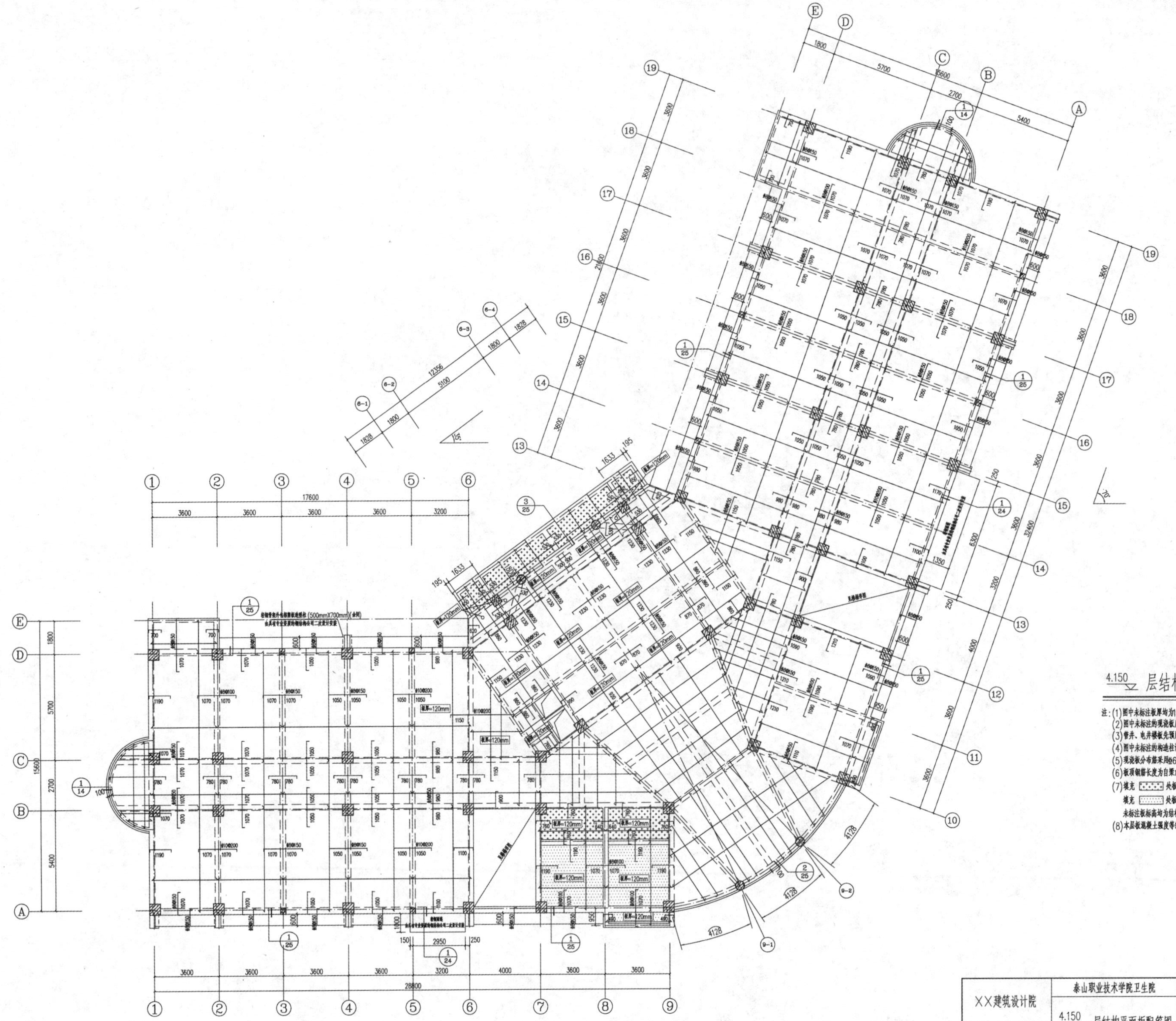

4.150 层结构平面板配筋图 1:100

注：(1)图中未标注板厚均为100mm.
(2)图中未标注的现浇板底筋和负筋均为ф8@200.
(3)管井、电井楼板先预甩钢筋待设备安装完毕后再行封板.
(4)图中未标注的构造柱设置详见结施说明.
(5)现浇板分布筋采用ф6@250.
(6)板顶钢筋长度为自梁或墙中算起.
(7)填充 [图例] 处板顶标高比结构标高低15mm，
填充 [图例] 处板顶标高比结构标高30mm，
未标注板标高均为结构标高.
(8)本层板混凝土强度等级为C30.

XX建筑设计院	泰山职业技术学院卫生院	审定		专业负责人		图号	6
	4.150 层结构平面板配筋图	院审		复核		专业	结施
资质证书编号 15131xx		室(所)审		设计		日期	2012-11
注册师印章编号 15131xx-x		项目负责人		绘图		第6张 共25张	

会签	建筑	暖通
	结构	电气
	给排水	年月日

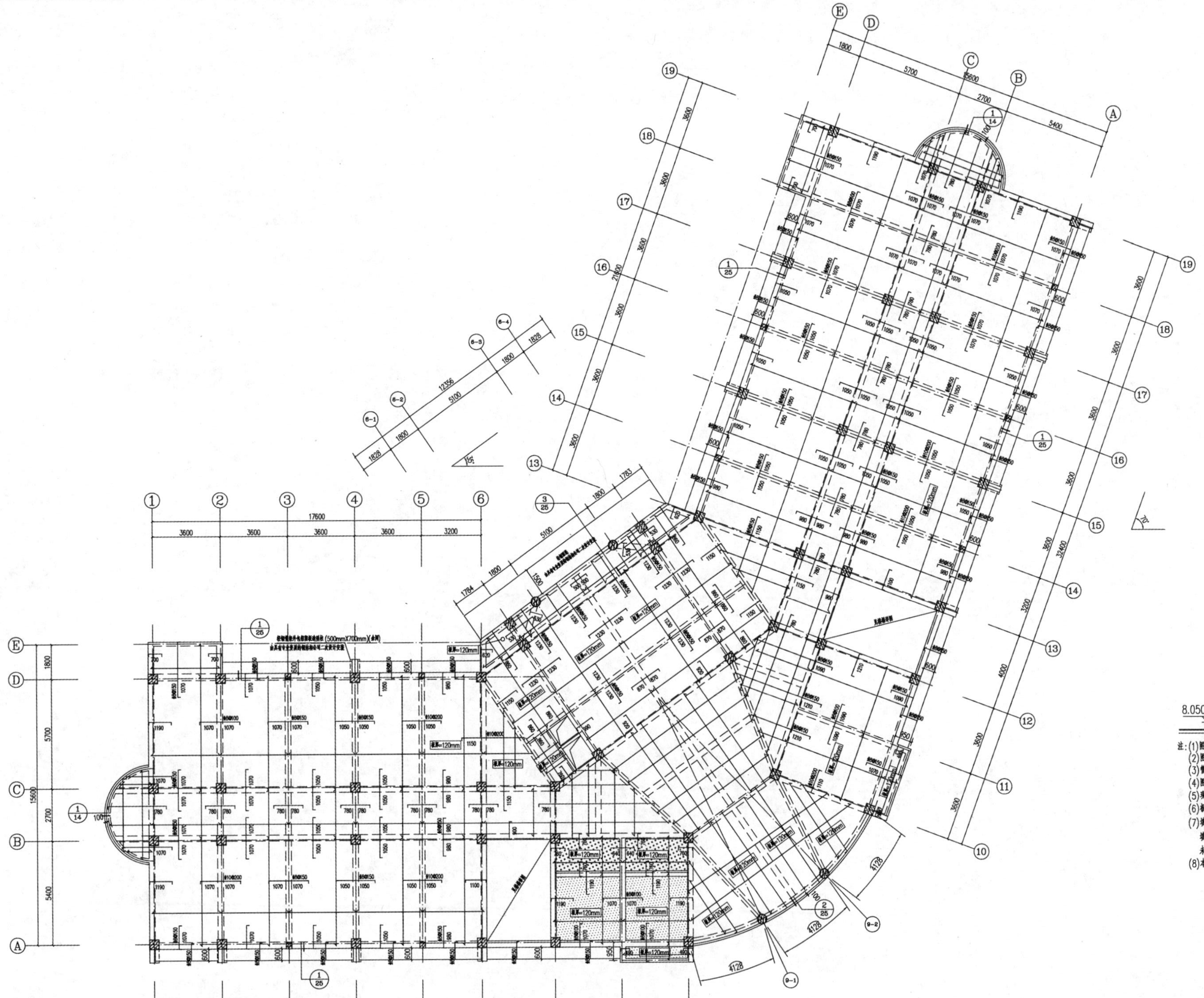

8.050 层结构平面板配筋图 1:100

注：(1)图中未标注板厚均为100mm。
(2)图中未标注的现浇板底筋和负筋均为ф8@200。
(3)管井、电井楼板先预甩钢筋待设备安装完毕后再行封板。
(4)图中未标注的构造柱设置详见结施说明。
(5)现浇板分布筋采用ф6@250。
(6)板顶钢筋长度为自梁或墙中算起。
(7)填充 [点状填充] 处板顶标高比结构标高低20mm，
填充 [细点填充] 处板顶标高比结构标高40mm，
未标注板标高均为结构标高。
(8)本层板混凝土强度等级为C30。

XX建筑设计院		泰山职业技术学院卫生院	审 定		专业负责人		图 号	7
		8.050 层结构平面板配筋图	院 审		复 核		专 业	结 施
资质证书编号	15131xx		室（所）审		设 计		日 期	2012-11
注册师印章编号	15131xx-x		项目负责人		绘 图		第 7 张 共 25 张	

会签	建 筑		暖 通	
	结 构		电 气	
	给排水		年 月 日	

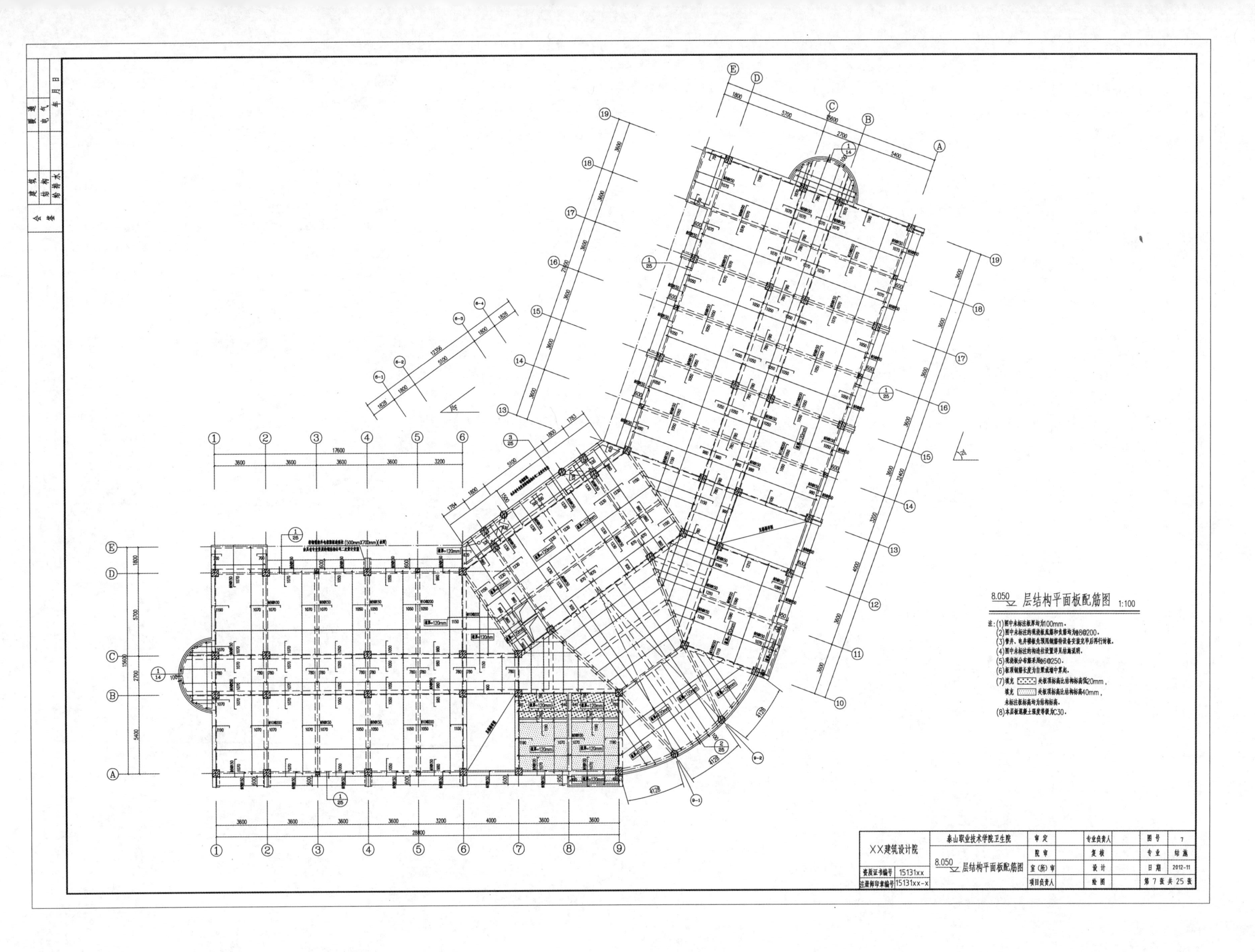

会签	建筑	暖通
	结构	电气
	给排水	年月日

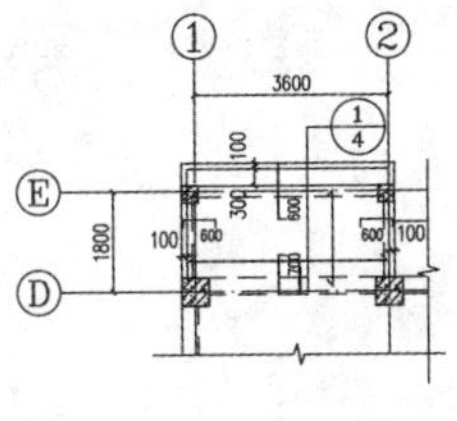

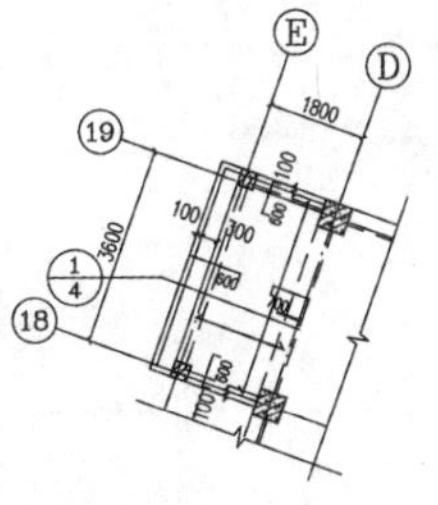

屋面层结构斜板配筋图 1:100

注：(1)图中未标注板厚均为100mm。
(2)图中未标注的现浇板底筋和负筋均为ф8@200。
(3)现浇板分布筋采用ф6@250。
(4)板顶钢筋长度为自梁或墙中算起。
(5)本层板混凝土强度等级为C30。
(6)斜板标高详见节点大样图。

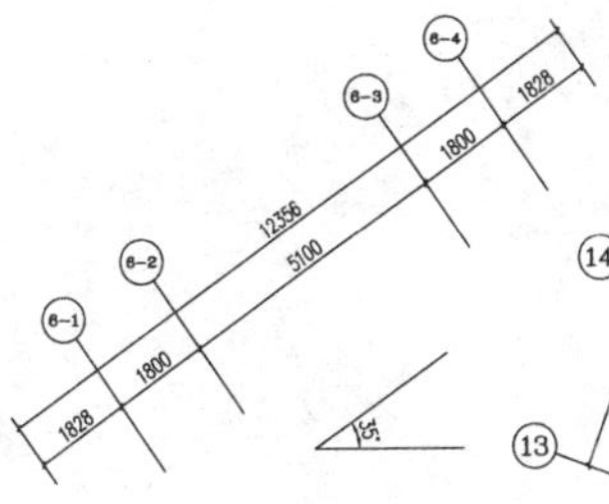

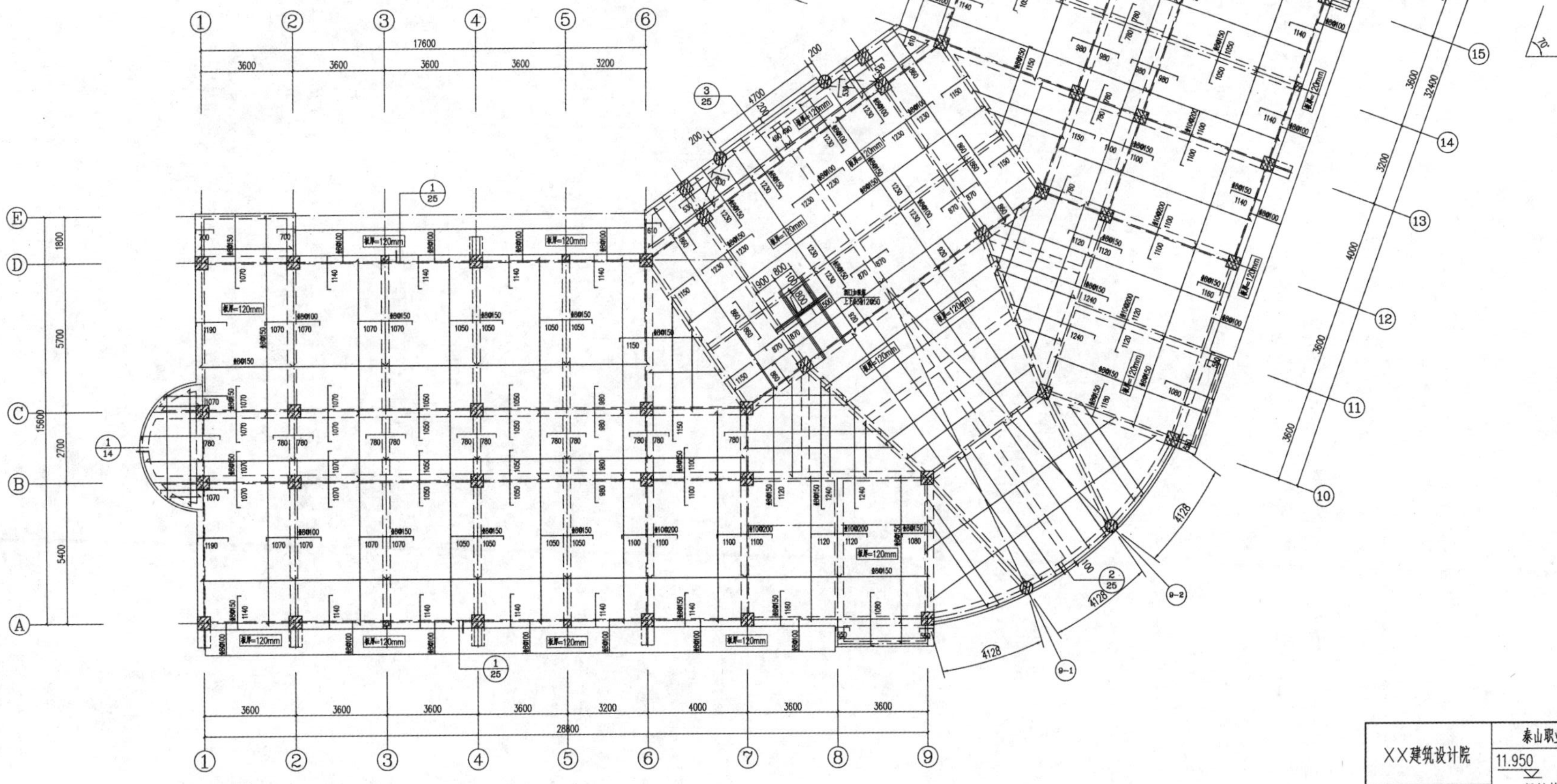

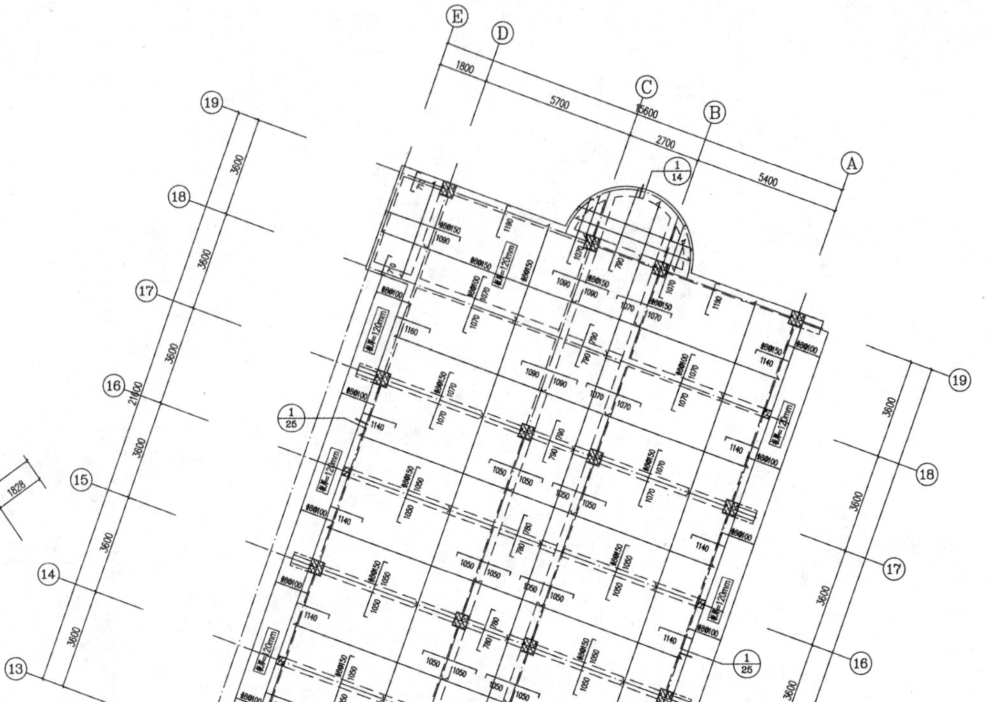

11.950 层结构平面板配筋图 1:100

注：(1)图中未标注板厚均为100mm。
(2)图中未标注的现浇板底筋和负筋均为ф8@200。
(3)管井、电井楼板先预甩钢筋待设备安装完毕后再行封板。
(4)图中未标注的构造柱设置详见结施说明。
(5)现浇板分布筋采用ф6@250。
(6)板顶钢筋长度为自梁或墙中算起。
(7)未标注板标高均为结构标高。
(8)本层板混凝土强度等级为C30。

XX建筑设计院		泰山职业技术学院卫生院	审定		专业负责人		图号	8
		11.950 层结构平面板配筋图	院审		复核		专业	结施
资质证书编号	15131xx		室(所)审		设计		日期	2012-11
注册师印章编号	15131xx-x		项目负责人		绘图		第 8 张 共 25 张	

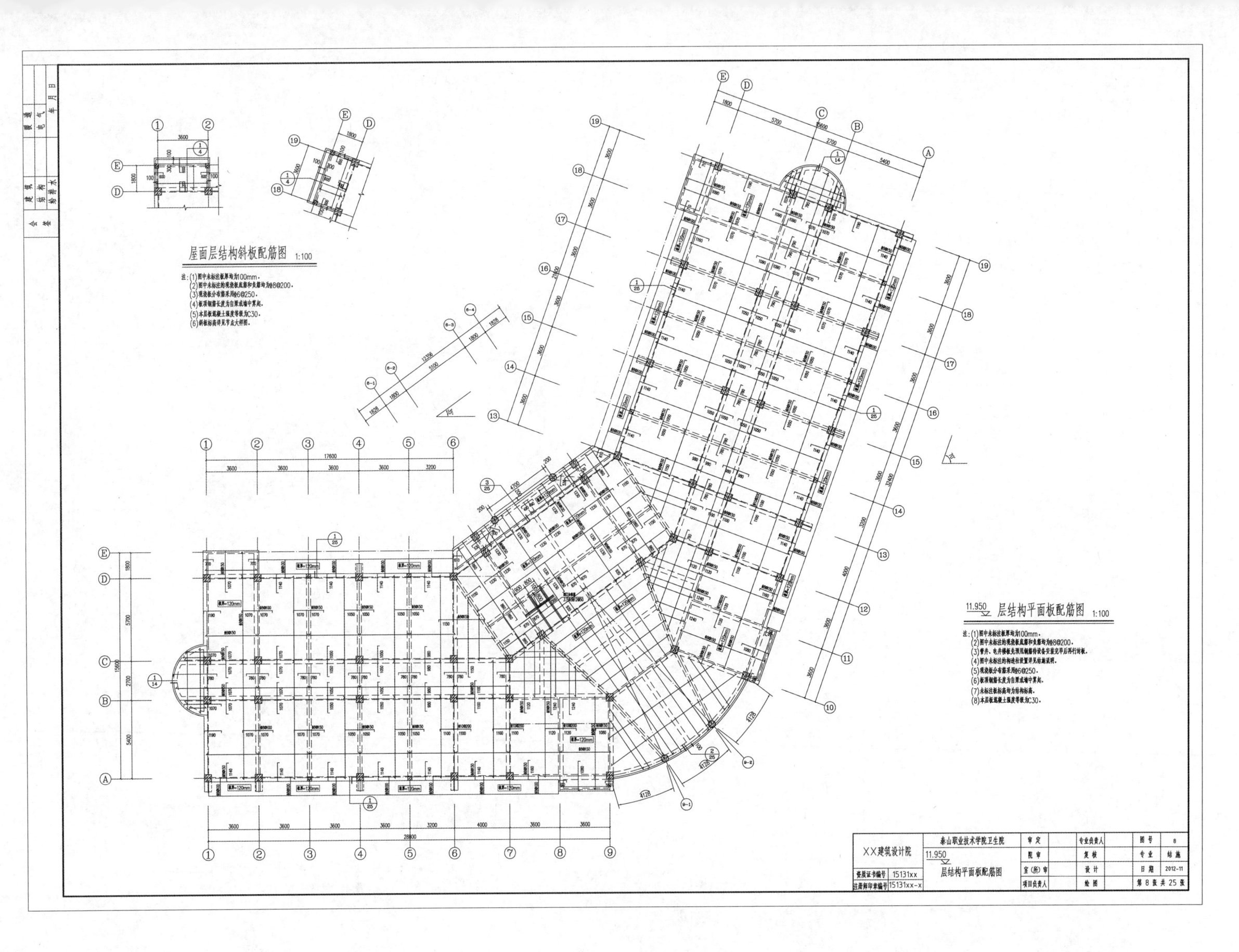

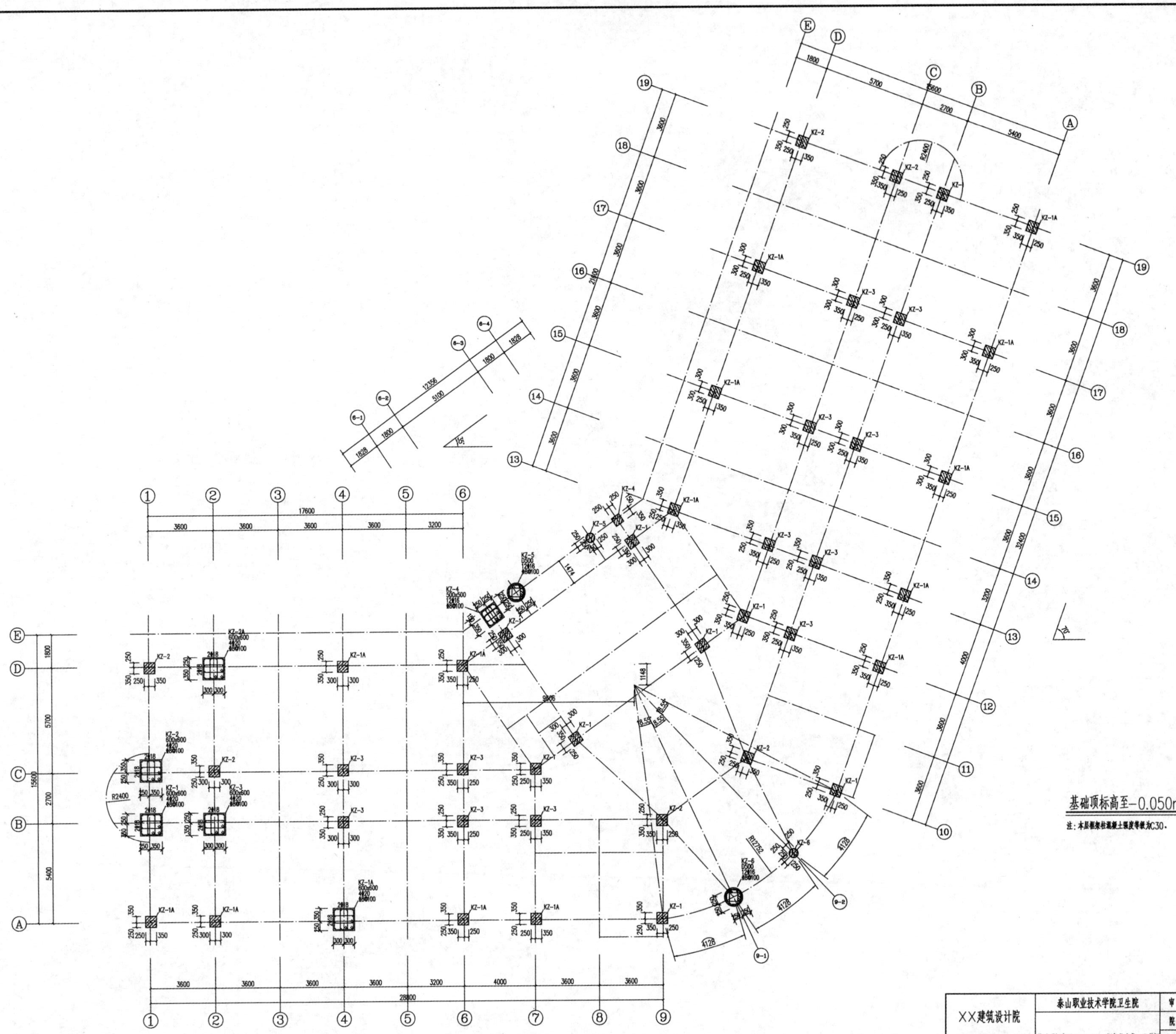

基础顶标高至-0.050m框架柱定位、配筋图 1:100

注：本层框架柱混凝土强度等级为C30。

会签			
建筑		暖通	
结构		电气	
给排水		年月日	

XX建筑设计院		泰山职业技术学院卫生院	审定		专业负责人	图号	9
			院审		复核	专业	结施
资质证书编号	15131xx	基础顶标高至-0.050m框架柱定位、配筋图	室（所）审		设计	日期	2012-11
注册师印章编号	15131xx-x		项目负责人		绘图	第 9 张 共 25 张	

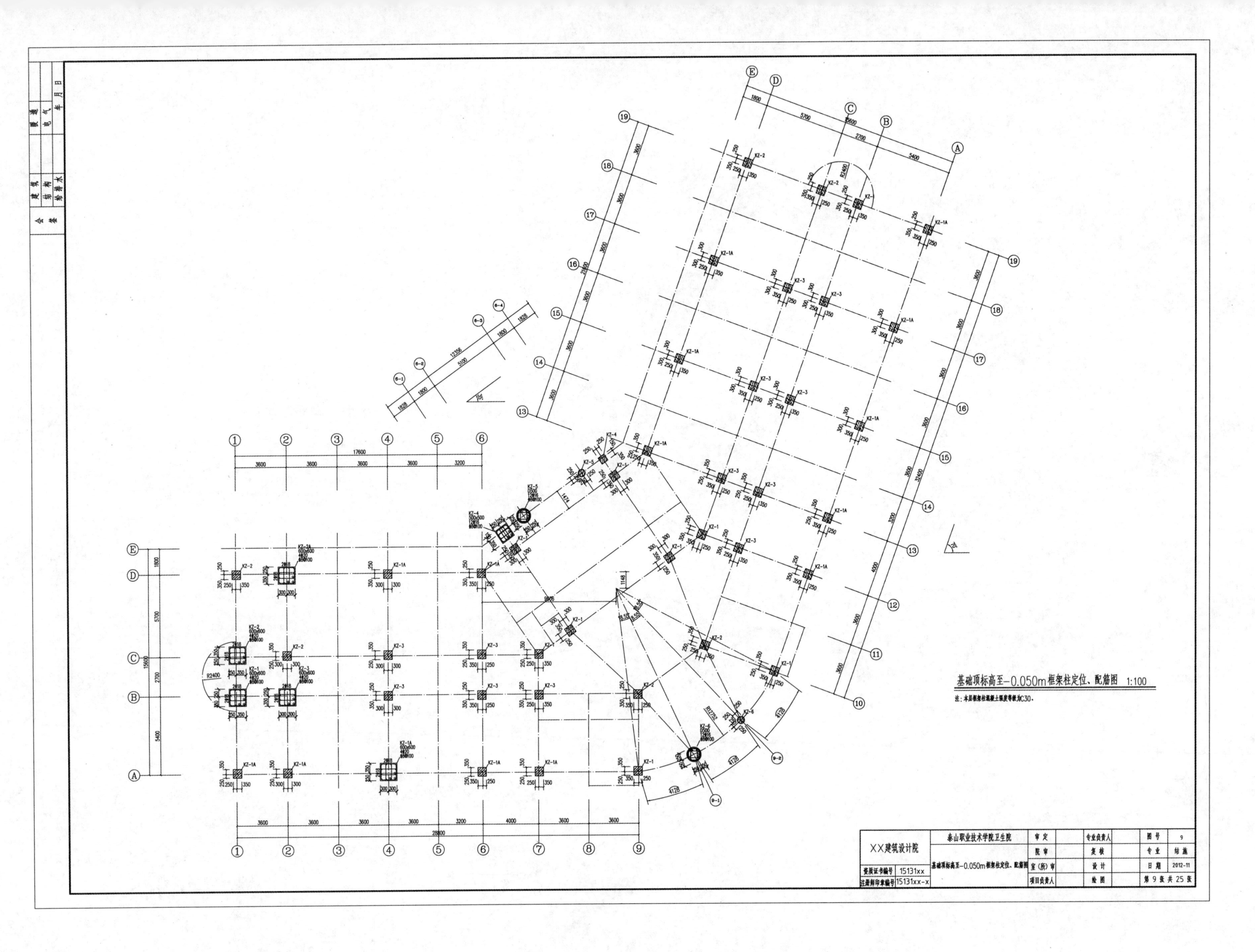

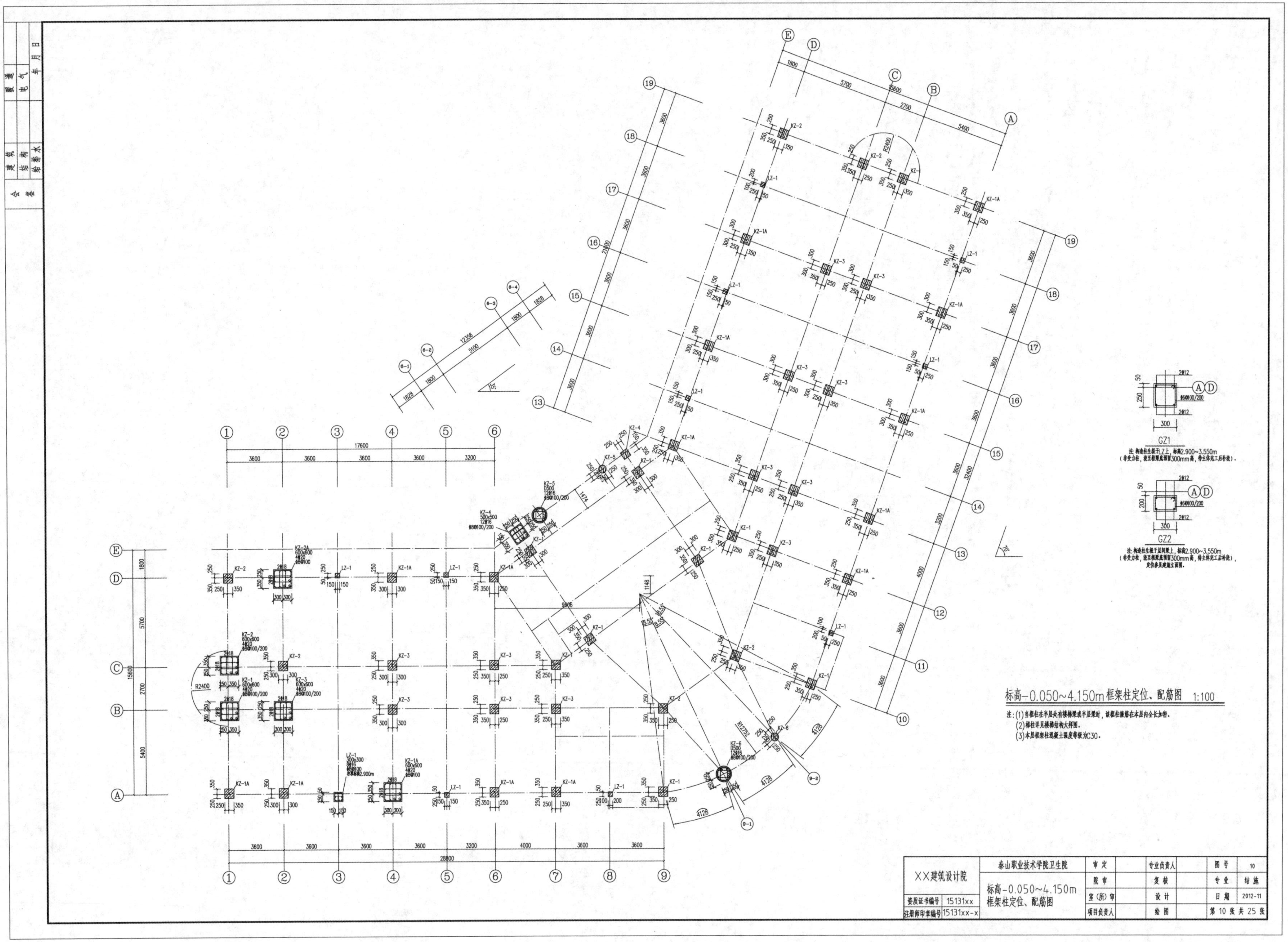

标高-0.050~4.150m框架柱定位、配筋图 1:100
注：(1)当框柱在半层处有楼梯梁或半层梁时，该框柱箍筋在本层内全长加密。
(2)梯柱详见楼梯结构大样图。
(3)本层框架柱混凝土强度等级为C30。
GZ1
注：构造柱生根于LZ上，标高2.900~3.550m
（非受力柱，浇至框梁底预留300mm高，待主体完工后补浇）。
GZ2
注：构造柱生根于层间梁上，标高2.900~3.550m
（非受力柱，浇至框梁底预留300mm高，待主体完工后补浇），
定位参见建施立面图。
XX建筑设计院
泰山职业技术学院卫生院
标高-0.050~4.150m
框架柱定位、配筋图
资质证书编号 15131xx
注册师印章编号 15131xx-x
审定
审核
室（所）审
项目负责人
专业负责人
复核
设计
绘图
图号 10
专业 结施
日期 2012-11
第 10 张 共 25 张
会签
建筑
结构
给排水
暖通
电气
年 月 日

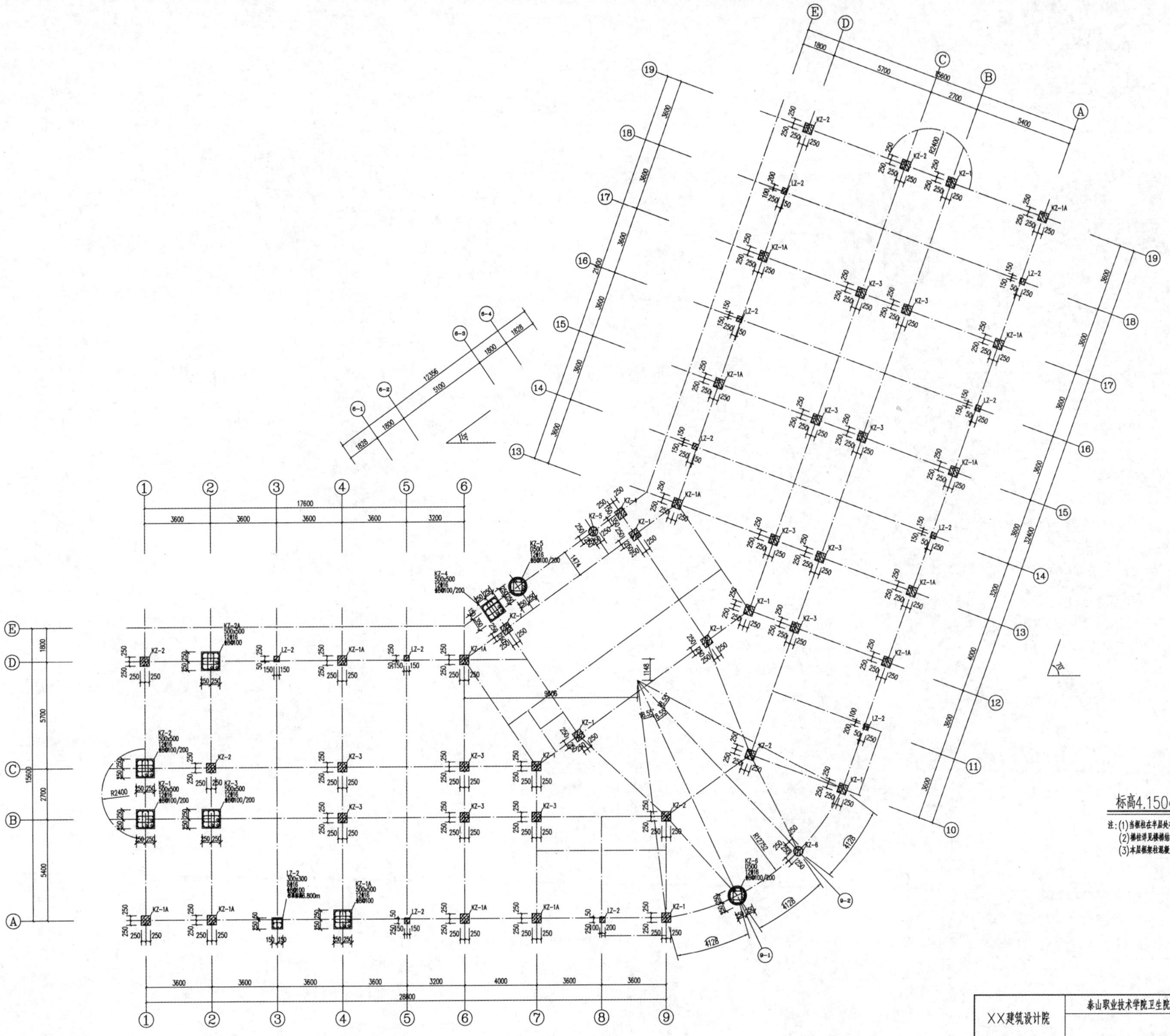

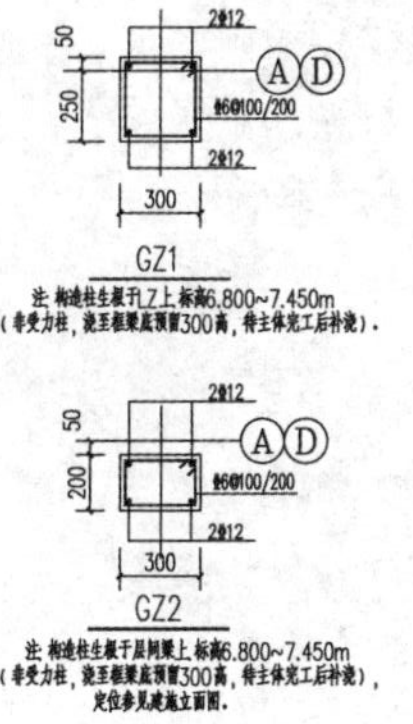

标高4.150~8.050m框架柱定位、配筋图　1:100

注：(1)当框柱在半层处有楼梯梁或半层梁时，该框柱箍筋在本层内全长加密。
(2)梯柱详见楼梯结构大样图。
(3)本层框架柱混凝土强度等级为C30。

XX建筑设计院		泰山职业技术学院卫生院	审定		专业负责人		图号	11
		标高4.150~8.050m框架柱定位、配筋图	院审		复核		专业	结施
资质证书编号	15131xx		室（所）审		设计		日期	2012-11
注册师印章编号	15131xx-x		项目负责人		绘图		第 11 张 共 25 张	

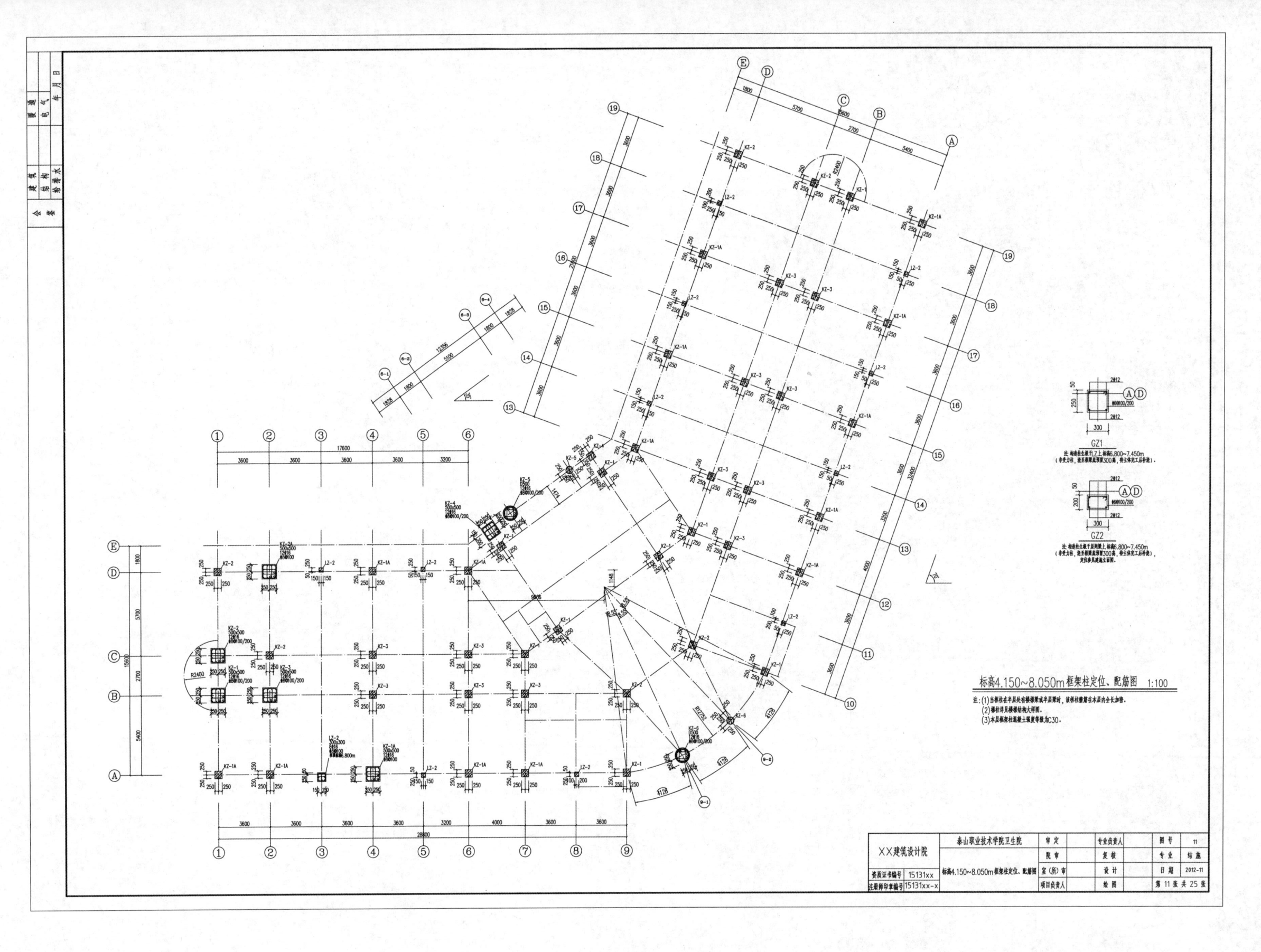

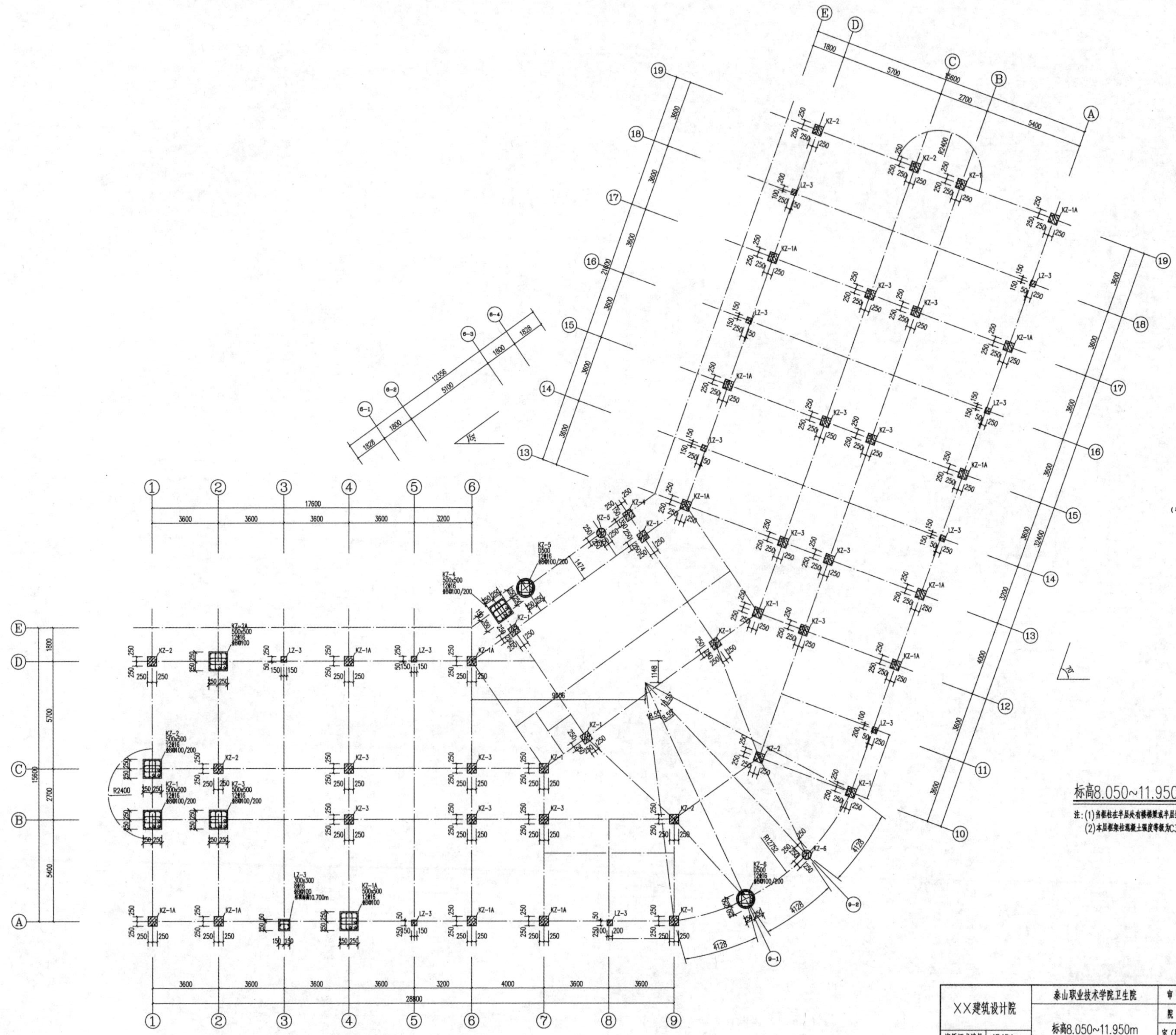

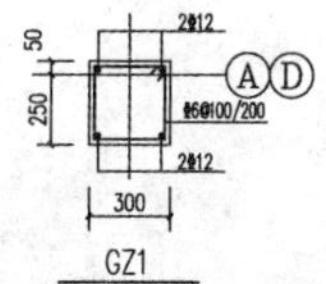

GZ1

注：构造柱生根于LZ上，标高10.700~11.350m（非受力柱，浇至框梁底预留300mm高，待主体完工后补浇）。

标高8.050~11.950m框架柱定位、配筋图　1:100

注：(1)当框柱在半层处有楼梯梁或半层梁时，该框柱箍筋在本层内全长加密。

(2)本层框架柱混凝土强度等级为C30。

会签	建筑	暖通
	结构	电气
	给排水	年月日

XX建筑设计院		泰山职业技术学院卫生院	审定		专业负责人		图号	12
		标高8.050~11.950m 框架柱定位、配筋图	院审		复核		专业	结施
资质证书编号	15131xx		室（所）审		设计		日期	2012-11
注册师印章编号	15131xx-x		项目负责人		绘图		第12张 共25张	

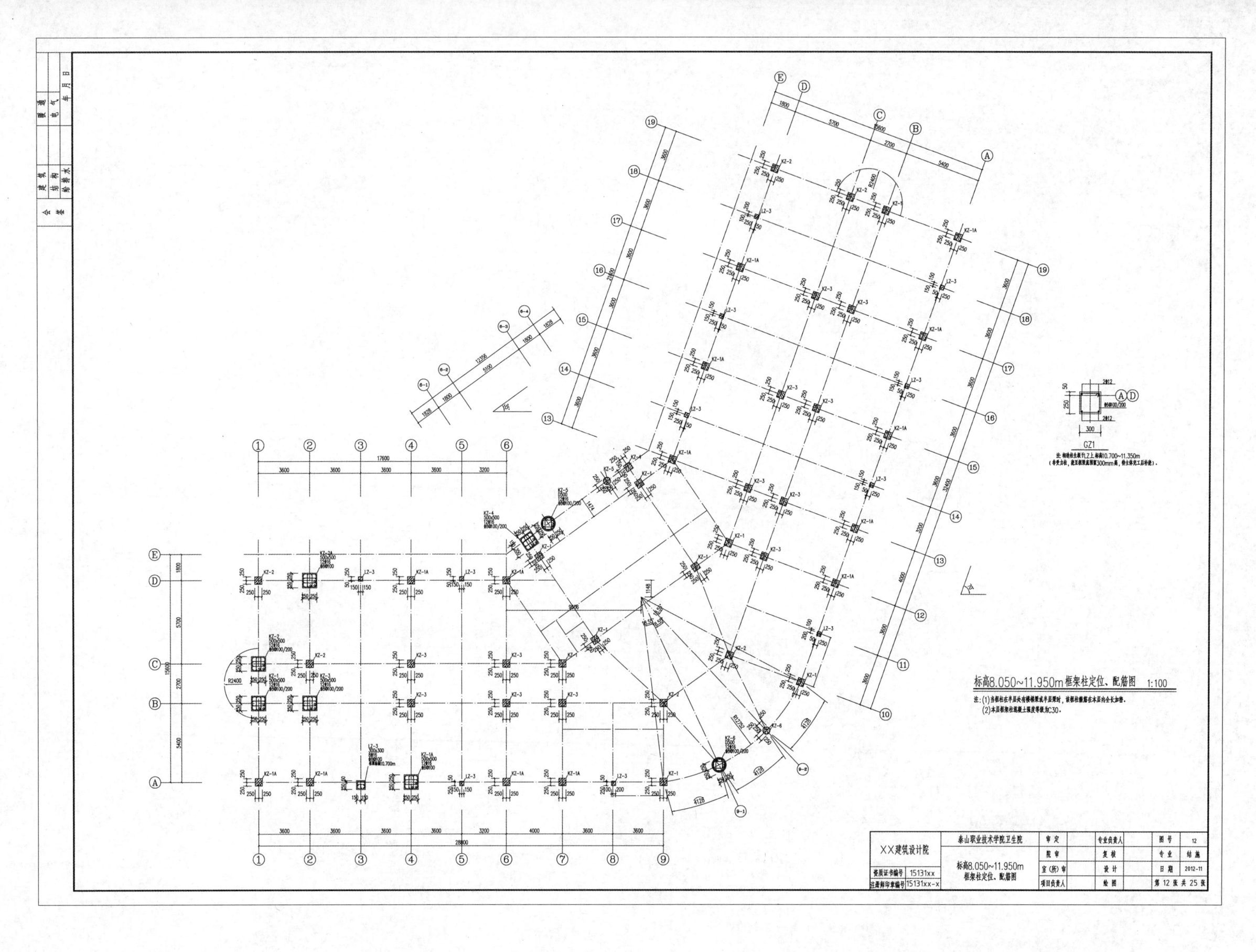

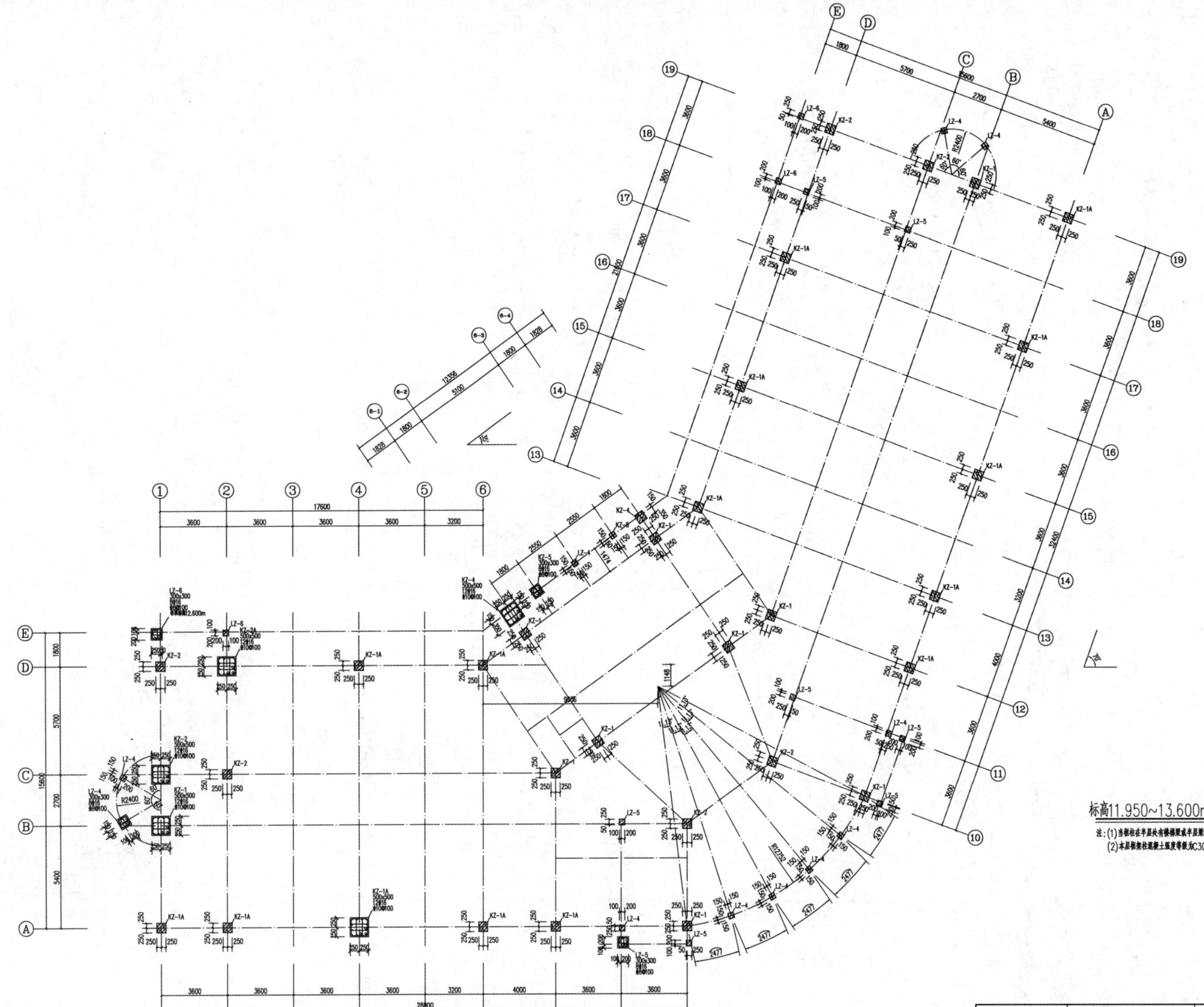

标高11.950~13.600m框架柱定位、配筋图　1:100

注：(1)当框柱在半层处有楼梯梁或半层梁时，该框柱箍筋在本层内全长加密。

(2)本层框架柱混凝土强度等级为C30。

XX建筑设计院		泰山职业技术学院卫生院	审定		专业负责人	图号	13
		标高11.950~13.600m框架柱定位、配筋图	院审		复核	专业	结施
资质证书编号	15131xx		室（所）审		设计	日期	2012-11
注册师印章编号	15131xx-x		项目负责人		绘图	第 13 张 共 25 张	

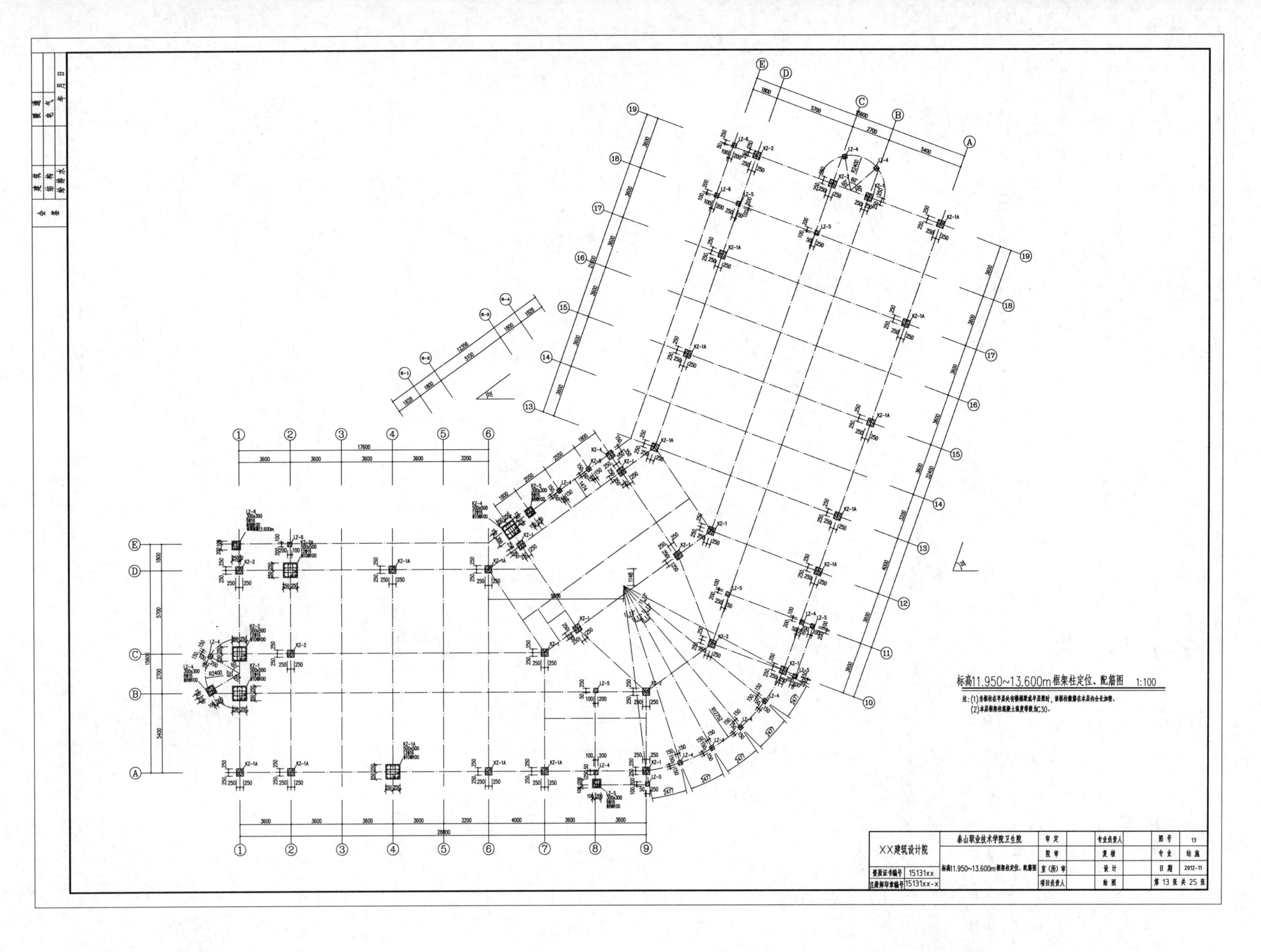

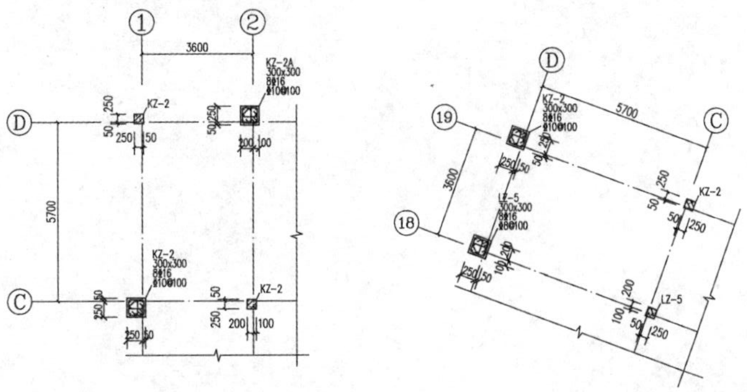

标高13.600~15.100m框架柱定位、配筋图 1:100

注：本层框架柱混凝土强度等级为C30。

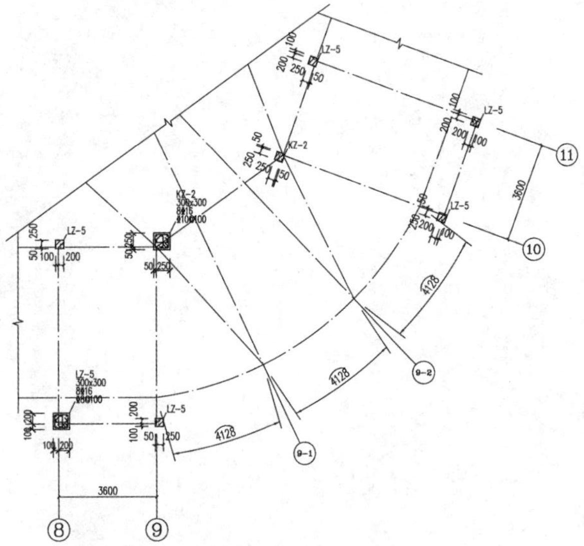

标高13.600~15.600m框架柱定位、配筋图 1:100

注：本层框架柱混凝土强度等级为C30。

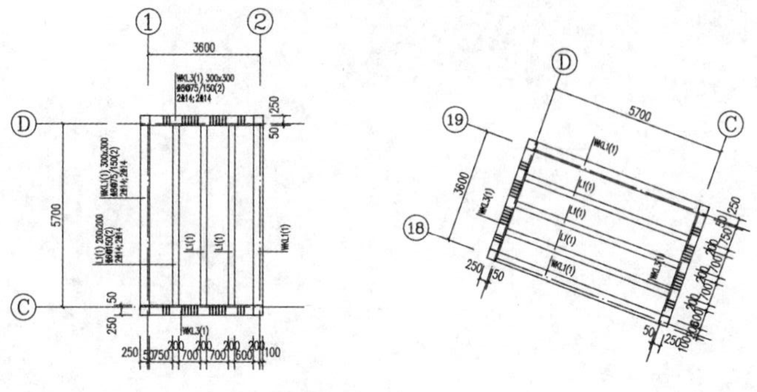

15.100 层结构平面梁配筋图 1:100

注：(1)未标注附加箍筋根数均为6根（二肢箍），附加箍筋直径与相应梁内箍筋相同。
(2)梁编号仅本层有效。
(3)楼面挑板及腰线尺寸定位见相应标高板配筋图。
(4)本层梁混凝土强度等级为C30。

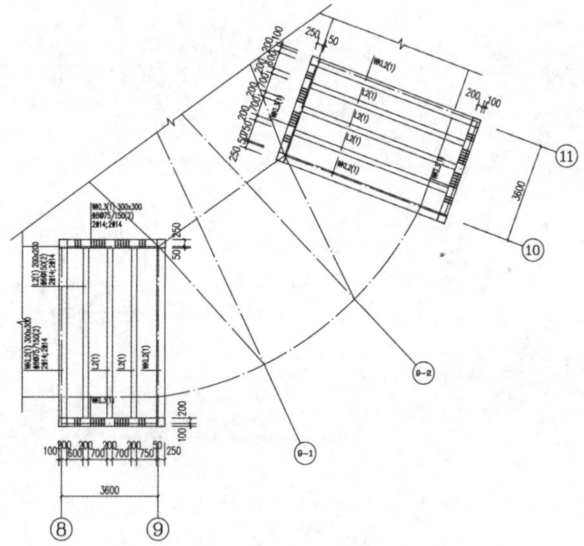

15.600 层结构平面梁配筋图 1:100

注：(1)未标注附加箍筋根数均为6根（二肢箍），附加箍筋直径与相应梁内箍筋相同。
(2)梁编号仅本层有效。
(3)楼面挑板及腰线尺寸定位见相应标高板配筋图。
(4)本层梁混凝土强度等级为C30。

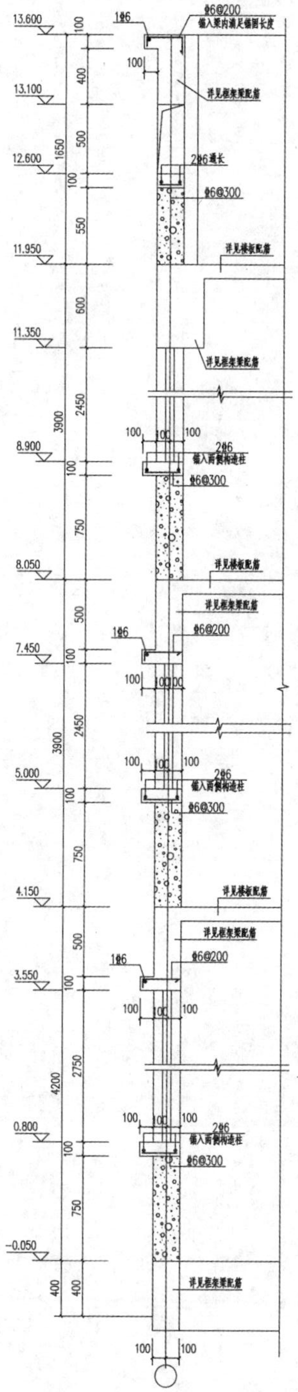

① 1:20

XX建筑设计院		泰山职业技术学院卫生院	审定		专业负责人	图号	14
		标高13.600~15.100m框架柱定位、配筋图 标高13.600~15.600m框架柱定位、配筋图 标高15.100m层结构平面梁配筋图 标高15.600m层结构平面梁配筋图节点详图	院审		复核	专业	结施
资质证书编号	15131xx		室（所）审		设计	日期	2012-11
注册师印章编号	15131xx-x		项目负责人		绘图	第 14 张 共 25 张	

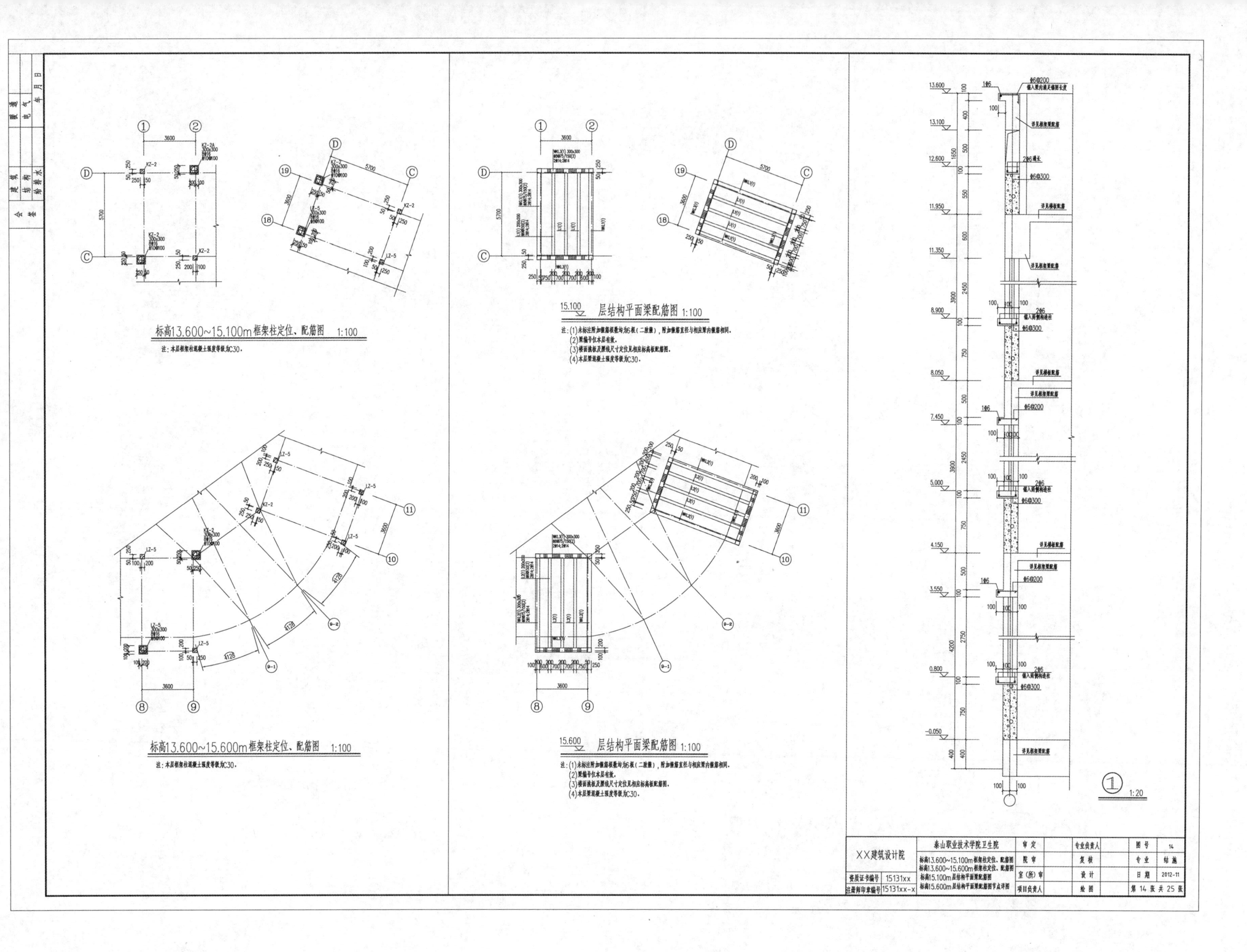

会签		
建筑		暖通
结构		电气
给排水		年 月 日

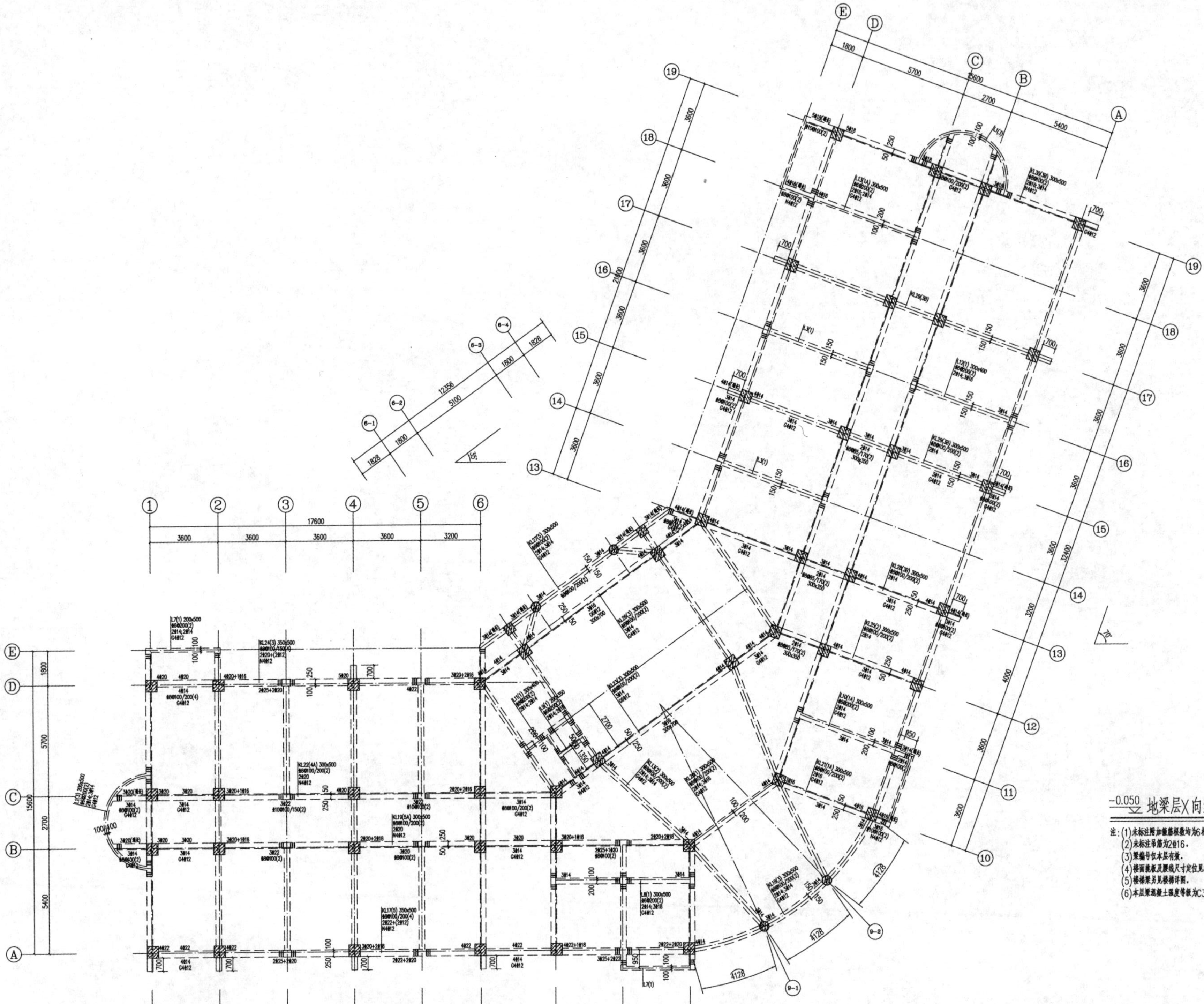

−0.050 地梁层X向结构平面梁配筋图 1:100

注：(1)未标注附加箍筋根数均为6根（350mm宽梁四肢箍，其余为二肢箍），附加箍筋直径与相应梁内箍筋相同。
(2)未标注吊筋为2Φ16。
(3)梁编号仅本层有效。
(4)楼面挑板及腰线尺寸定位见相应标高板配筋图。
(5)楼梯梁另见楼梯详图。
(6)本层梁混凝土强度等级为C30。

XX建筑设计院		泰山职业技术学院卫生院	审 定		专业负责人		图 号	15
		−0.050 地梁层X向结构平面梁配筋图	院 审		复 核		专 业	结施
资质证书编号	15131xx		室（所）审		设 计		日 期	2012-11
注册师印章编号	15131xx-x		项目负责人		绘 图		第 15 张 共 25 张	

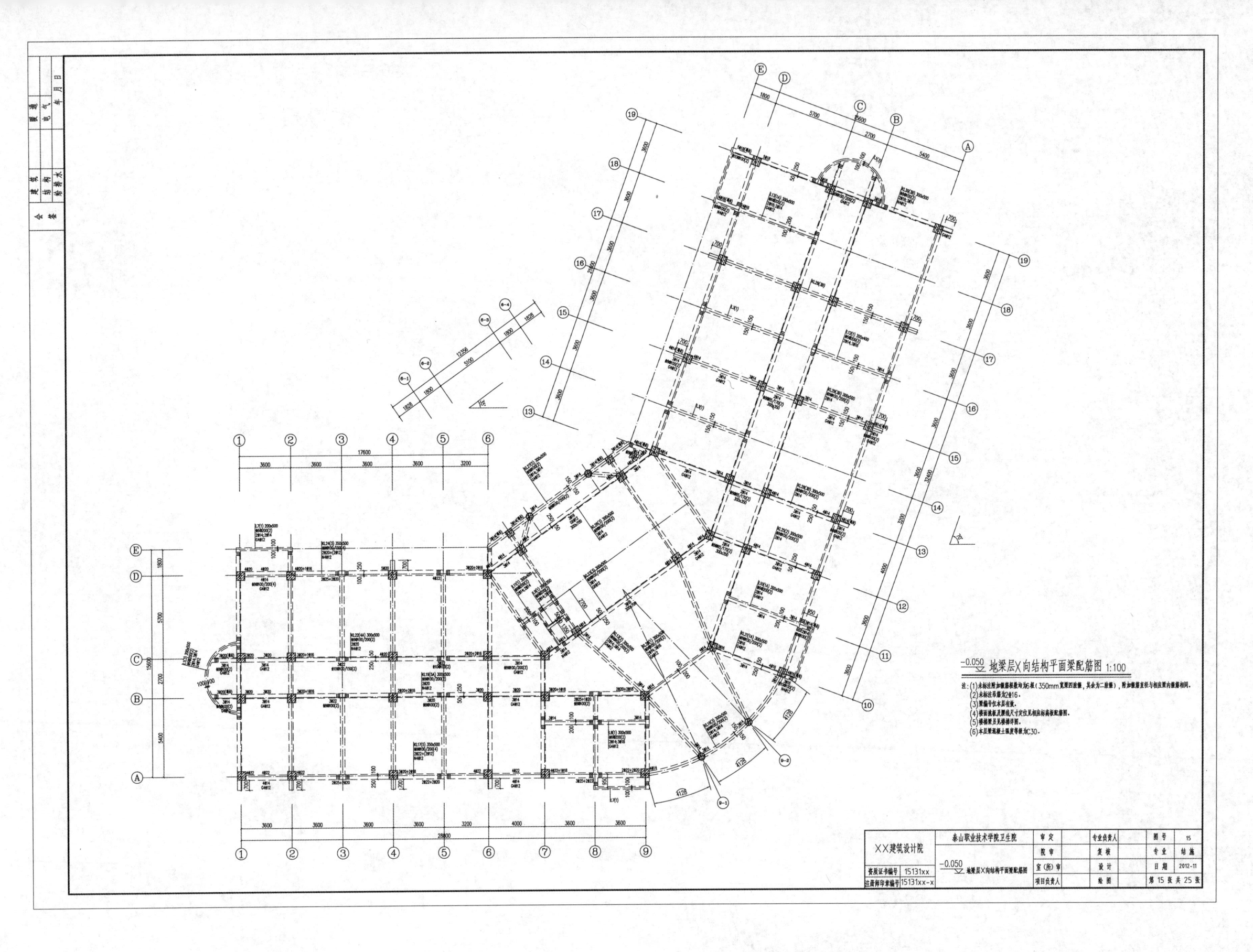

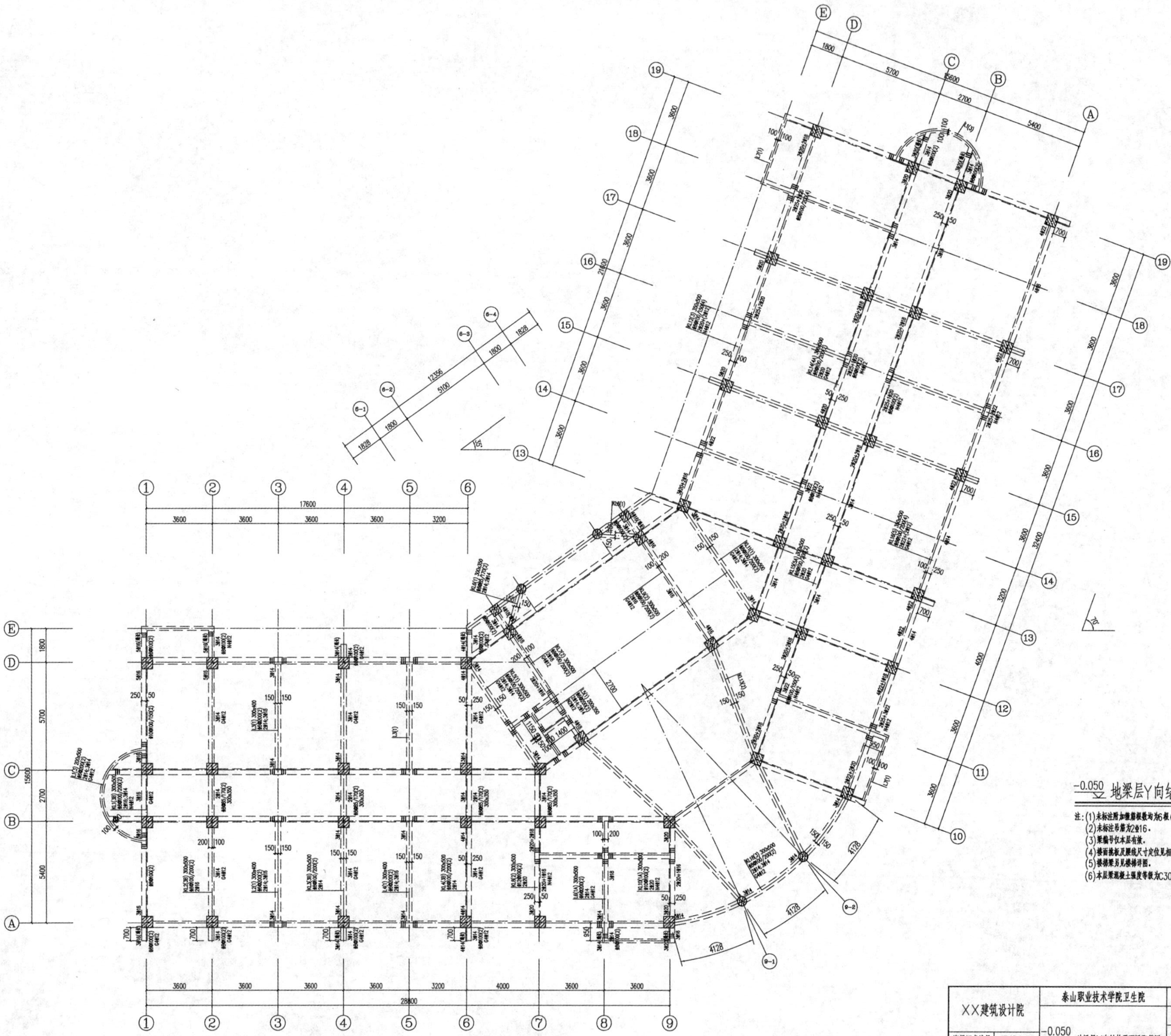

$\underline{-0.050}$ 地梁层Y向结构平面梁配筋图 1:100

注：(1)未标注附加箍筋根数均为6根（350mm宽梁四肢箍，其余为二肢箍），附加箍筋直径与相应梁内箍筋相同.
(2)未标注吊筋为2⌀16.
(3)梁编号仅本层有效.
(4)楼面挑板及腰线尺寸定位见相应标高板配筋图.
(5)楼梯梁另见楼梯详图.
(6)本层梁混凝土强度等级为C30.

XX建筑设计院		泰山职业技术学院卫生院	审定		专业负责人		图号	16
		$\underline{-0.050}$ 地梁层Y向结构平面梁配筋图	院审		复核		专业	结施
资质证书编号	15131xx		室（所）审		设计		日期	2012-11
注册师印章编号	15131xx-x		项目负责人		绘图		第 16 张 共 25 张	

会签	建筑	暖通
	结构	电气
	给排水	年 月 日

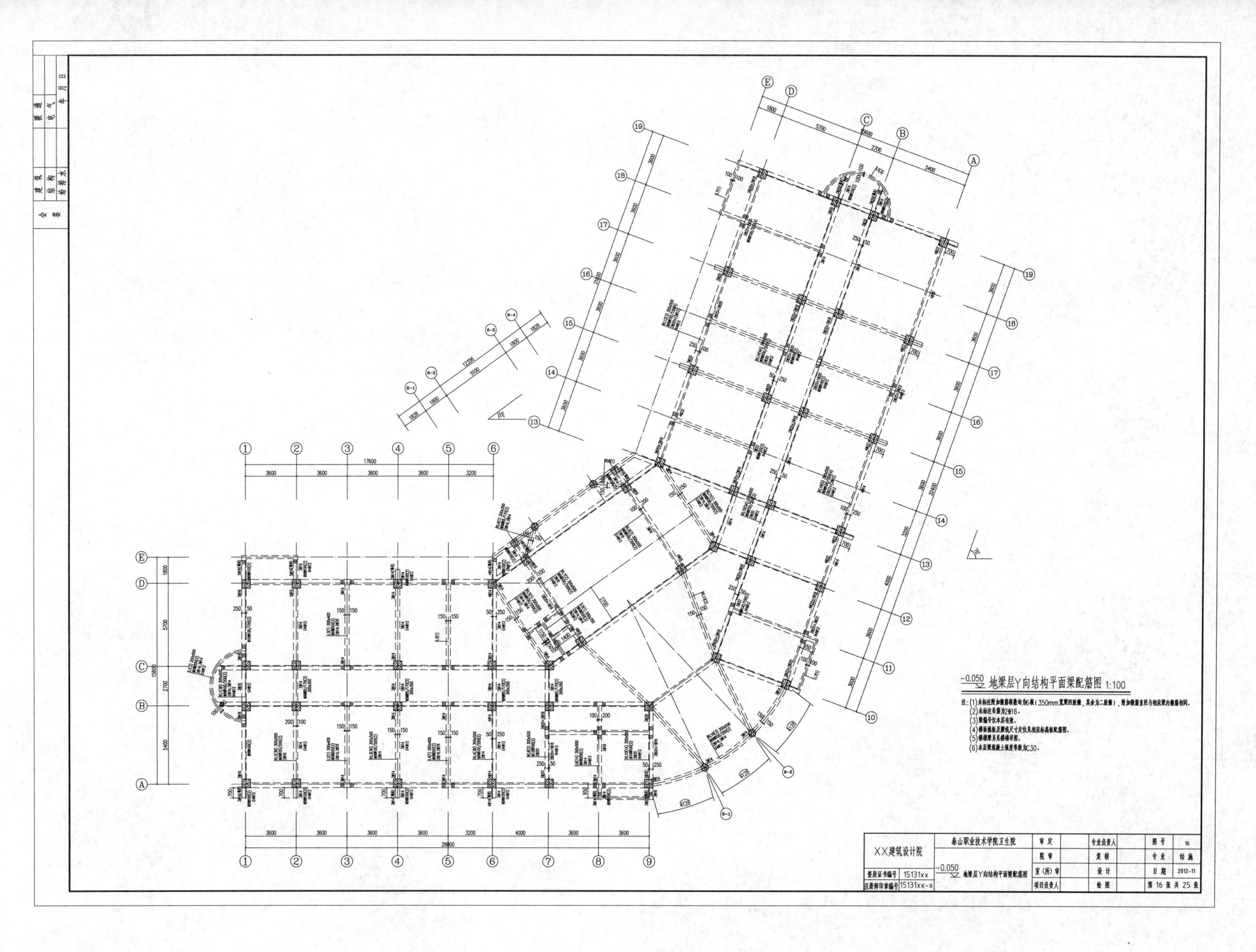

会签		
建筑	暖通	
结构	电气	
给排水	年 月 日	

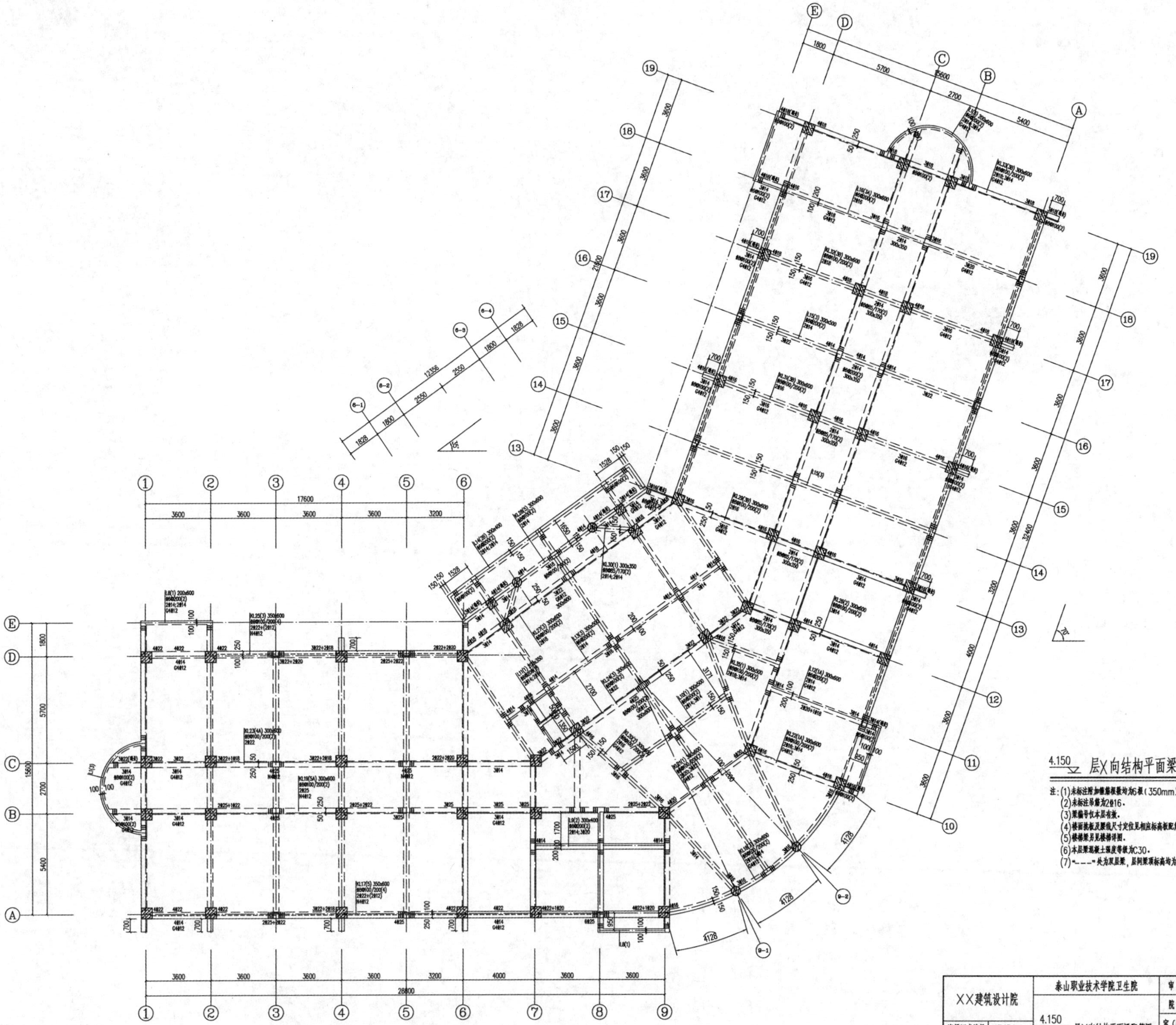

4.150 ▽ 层X向结构平面梁配筋图 1:100

注：(1)未标注附加箍筋根数均为6根（350mm宽梁四肢箍，其余为二肢箍），附加箍筋直径与相应梁内箍筋相同.
(2)未标注吊筋为2⌀16.
(3)梁编号仅本层有效.
(4)楼面挑板及腰线尺寸定位见相应标高板配筋图.
(5)楼梯梁另见楼梯详图.
(6)本层梁混凝土强度等级为C30.
(7)"– – –"处为双层梁，层间梁顶标高均为2.900m，梁尺寸定位及配筋详见大样图.

XX建筑设计院		泰山职业技术学院卫生院	审定		专业负责人		图号	17
		4.150 ▽ 层X向结构平面梁配筋图	院审		复核		专业	结施
资质证书编号	15131xx		室（所）审		设计		日期	2012-11
注册师印章编号	15131xx-x		项目负责人		绘图		第 17 张 共 25 张	

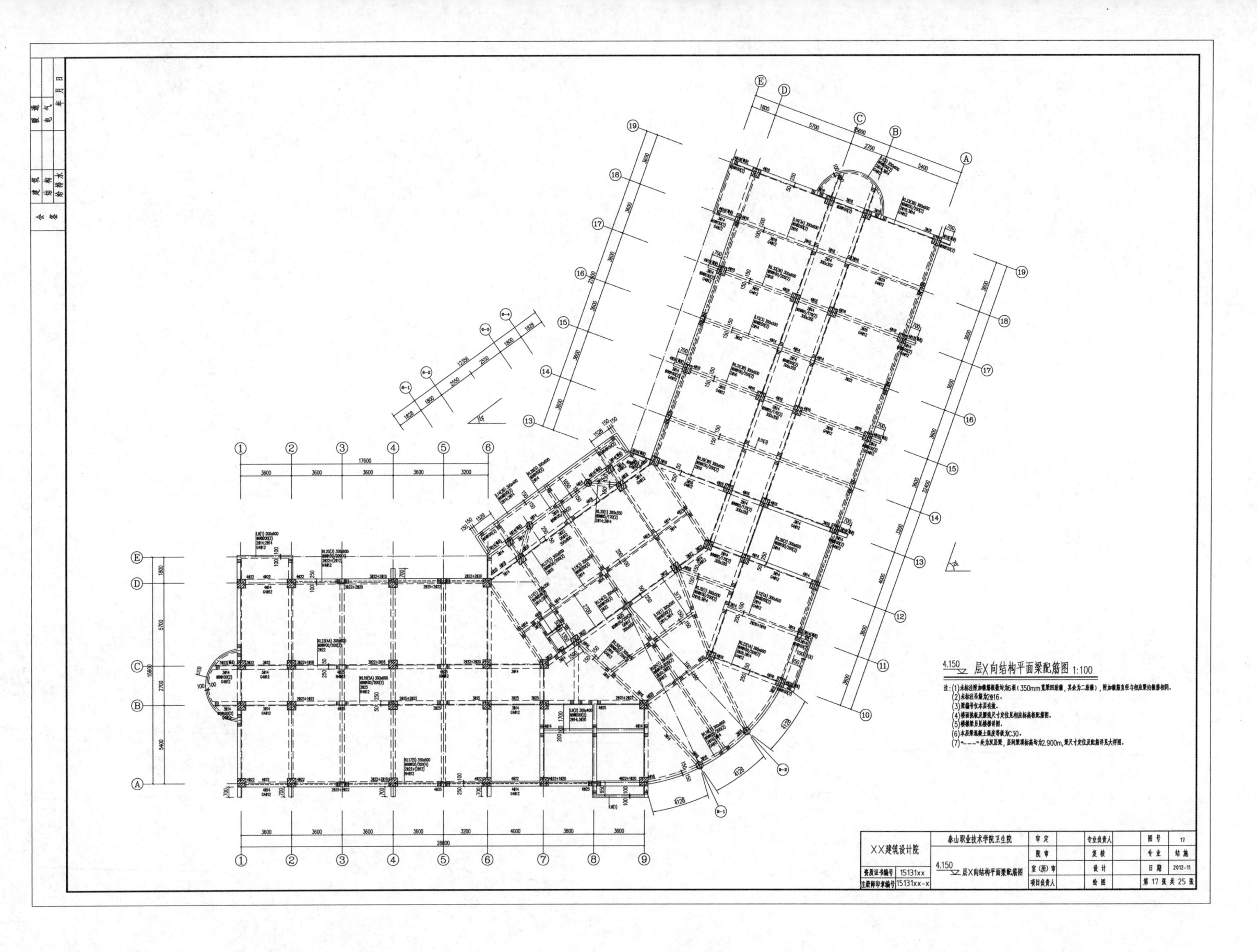

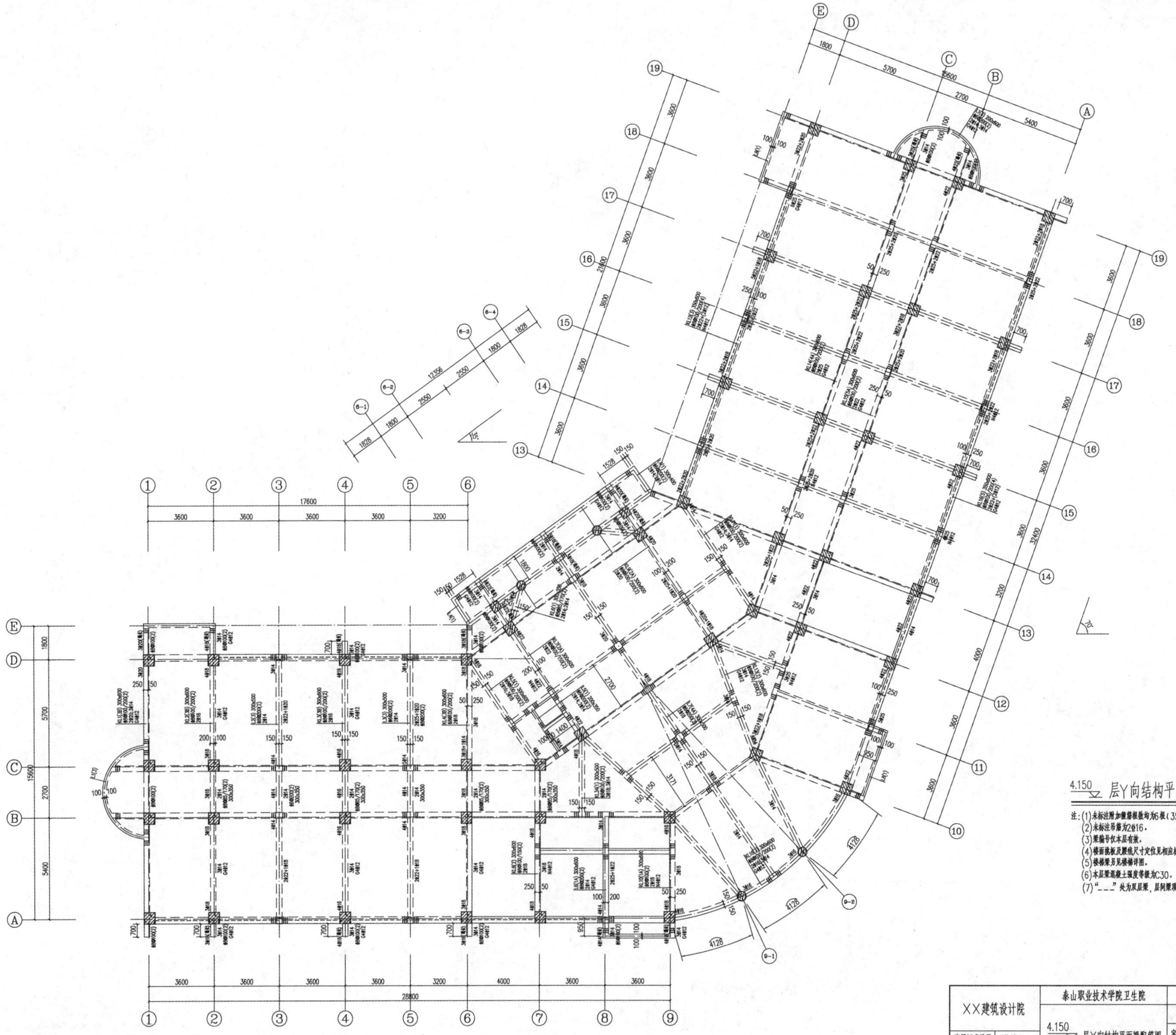

4.150 层Y向结构平面梁配筋图 1:100

注:(1)未标注附加箍筋根数均为6根(350mm宽梁四肢箍,其余为二肢箍),附加箍筋直径与相应梁内箍筋相同.
(2)未标注吊筋为2⌀16.
(3)梁编号仅本层有效.
(4)楼面挑板及腰线尺寸定位见相应标高板配筋图.
(5)楼梯梁另见楼梯详图.
(6)本层梁混凝土强度等级为C30.
(7)"---"处为双层梁,层间梁顶标高均为2.900m,梁尺寸定位及配筋详见大样图.

XX建筑设计院		泰山职业技术学院卫生院	审定		专业负责人		图号	18
			院审		复核		专业	结施
资质证书编号	15131xx	4.150 层Y向结构平面梁配筋图	室(所)审		设计		日期	2012-11
注册师印章编号	15131xx-x		项目负责人		绘图		第 18 张 共 25 张	

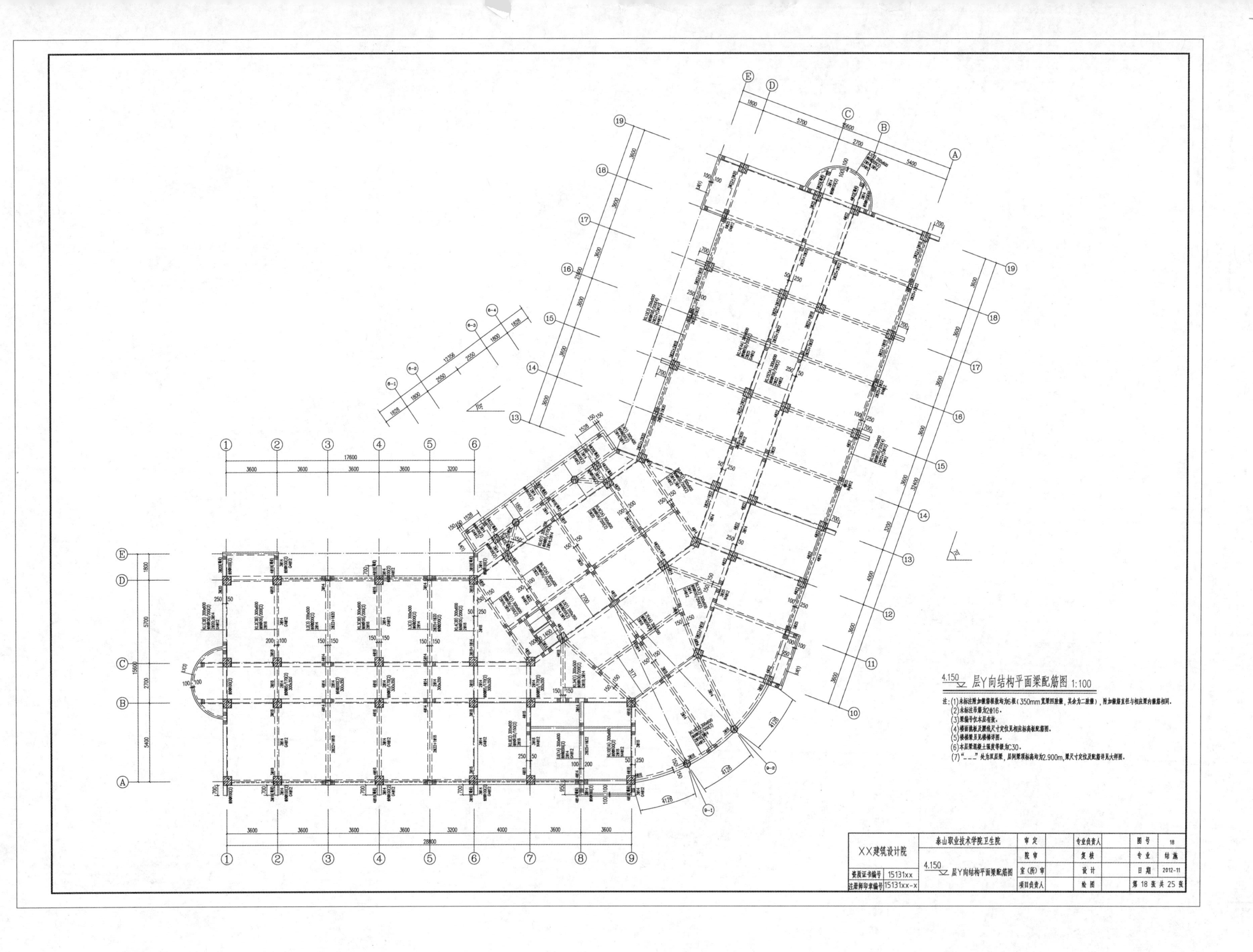

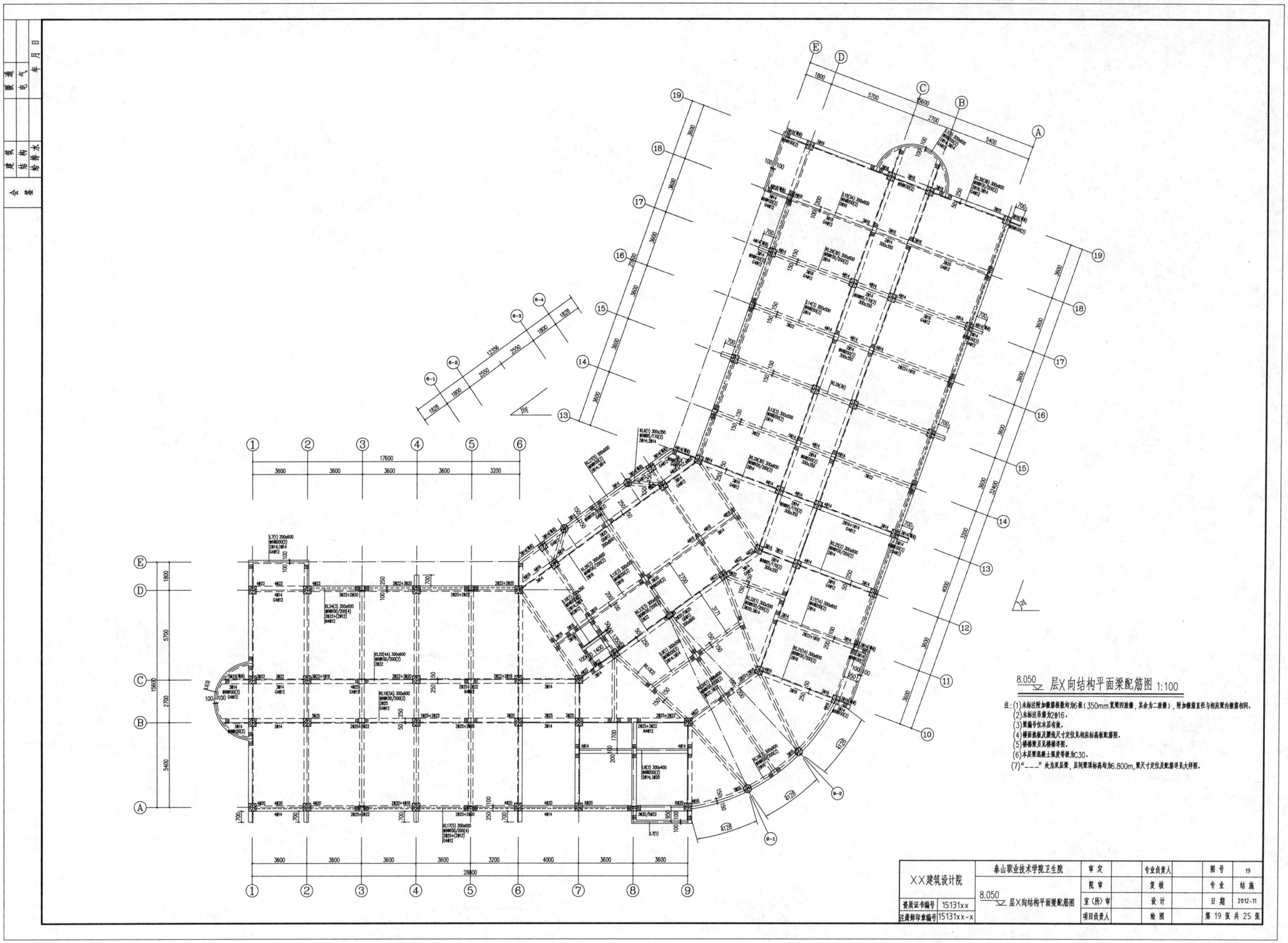
8.050 层X向结构平面梁配筋图 1:100
注：(1)未标注附加箍筋根数均为6根（350mm宽梁四肢箍，其余为二肢箍），附加箍筋直径与相应梁内箍筋相同.
(2)未标注吊筋为2⌀16.
(3)梁编号仅本层有效.
(4)楼面挑板及腰线尺寸定位见相应标高板配筋图.
(5)楼梯梁另见楼梯详图.
(6)本层梁混凝土强度等级为C30.
(7)"- - -"处为双层梁，层间梁顶标高均为6.800m，梁尺寸定位及配筋详见大样图.
XX建筑设计院
资质证书编号 15131xx
注册师印章编号 15131xx-x
泰山职业技术学院卫生院
8.050 层X向结构平面梁配筋图
审定
院审
室（所）审
项目负责人
专业负责人
复核
设计
绘图
图号 19
专业 结施
日期 2012-11
第19张 共25张

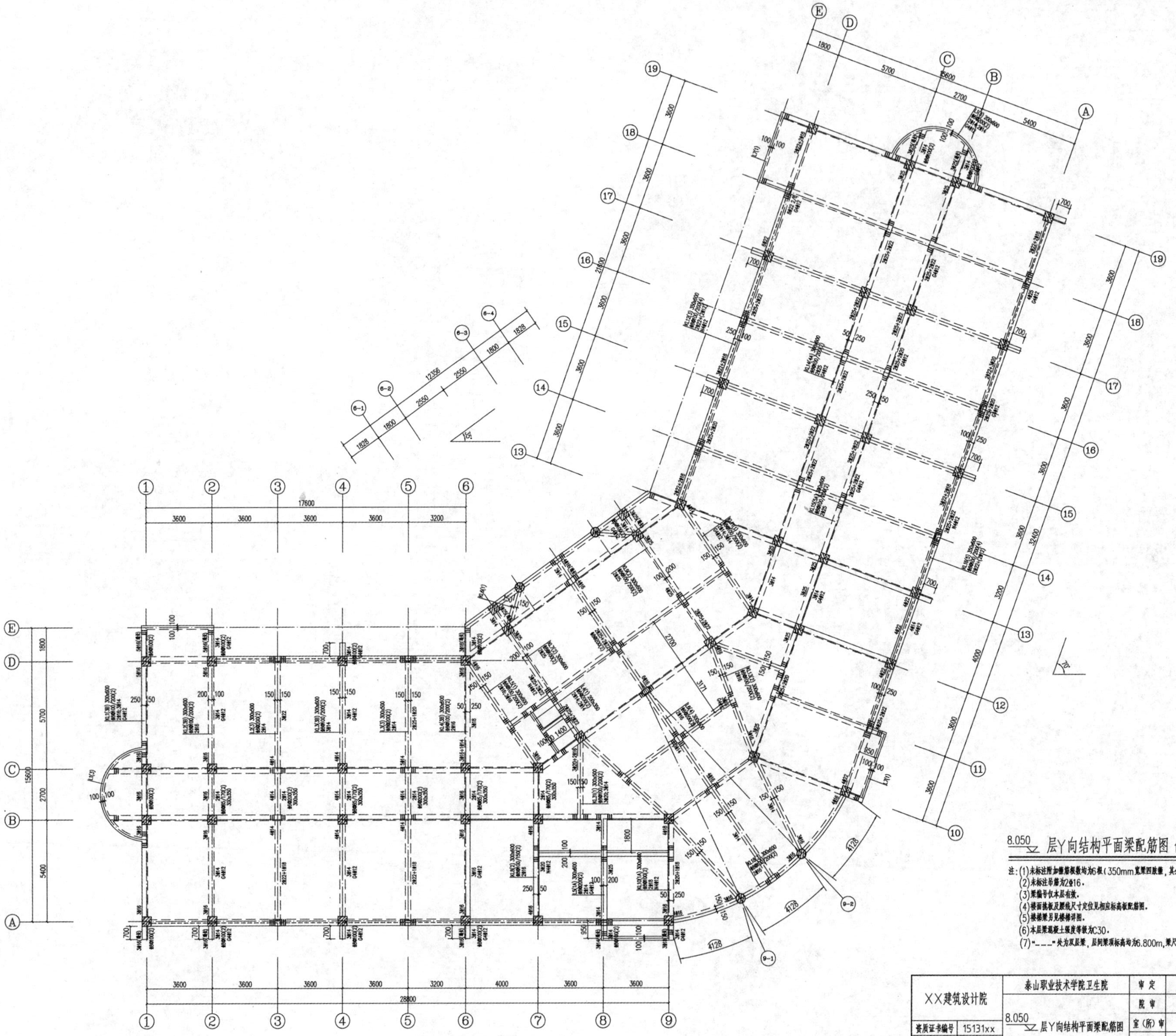

8.050 层Y向结构平面梁配筋图 1:100

注：(1)未标注附加箍筋根数均为6根（350mm宽梁四肢箍，其余为二肢箍），附加箍筋直径与相应梁内箍筋相同。
(2)未标注吊筋为2⌀16。
(3)梁编号仅本层有效。
(4)楼面挑板及腰线尺寸定位见相应标高板配筋图。
(5)楼梯梁另见楼梯详图。
(6)本层梁混凝土强度等级为C30。
(7)"- - -"处为双层梁，层间梁顶标高均为6.800m，梁尺寸定位及配筋详见大样图。

XX建筑设计院	泰山职业技术学院卫生院	审定		专业负责人		图号	20
	8.050 层Y向结构平面梁配筋图	院审		复核		专业	结施
资质证书编号 15131xx		室（所）审		设计		日期	2012-11
注册师印章编号 15131xx-x		项目负责人		绘图		第 20 张 共 25 张	

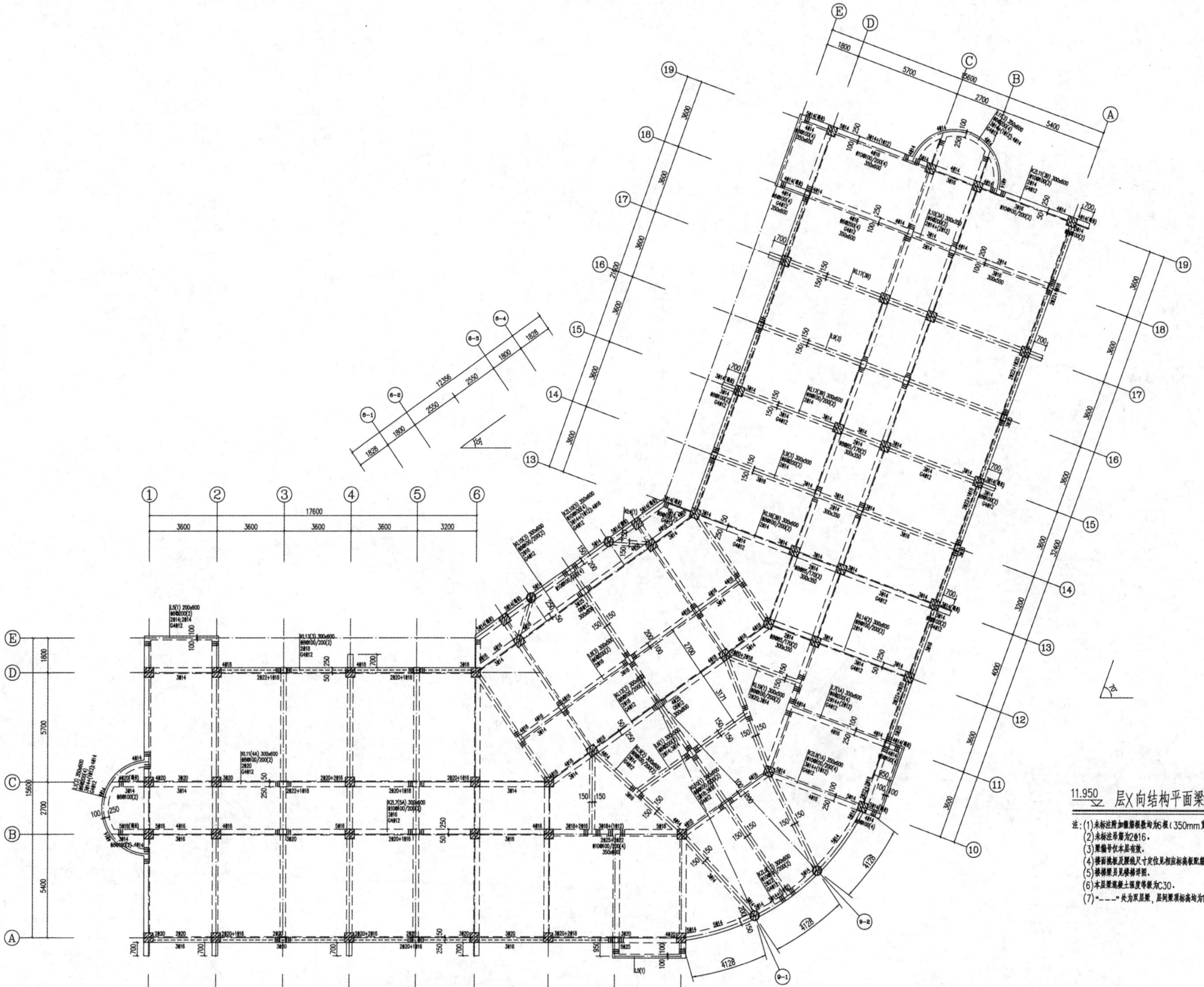

11.950 层X向结构平面梁配筋图 1:100

注：(1)未标注附加箍筋根数均为6根（350mm宽梁四肢箍，其余为二肢箍），附加箍筋直径与相应梁内箍筋相同。
(2)未标注吊筋为2⌀16。
(3)梁编号仅本层有效。
(4)楼面挑板及腰线尺寸定位见相应标高板配筋图。
(5)楼梯梁另见楼梯详图。
(6)本层梁混凝土强度等级为C30。
(7)"– – –"处为双层梁，层间梁顶标高均为10.700m，梁尺寸定位及配筋详见大样图。

XX建筑设计院		泰山职业技术学院卫生院	审 定		专业负责人	图 号	21
		11.950 层X向结构平面梁配筋图	院 审		复 核	专 业	结施
资质证书编号	15131xx		室（所）审		设 计	日 期	2012-11
注册师印章编号	15131xx-x		项目负责人		绘 图	第 21 张 共 25 张	

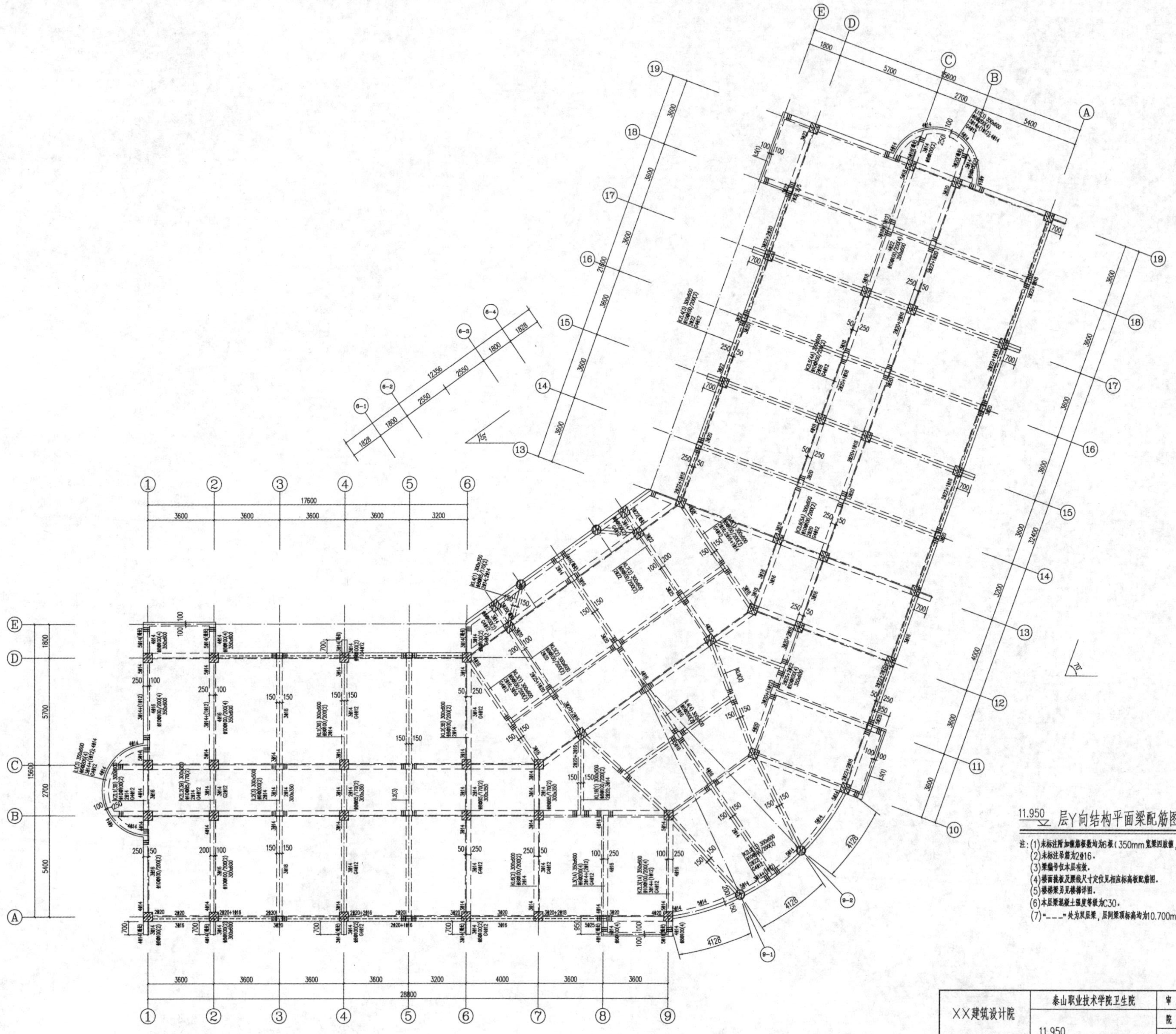

11.950 层Y向结构平面梁配筋图 1:100

注：(1)未标注附加箍筋根数均为6根（350mm宽梁四肢箍，其余为二肢箍），附加箍筋直径与相应梁内箍筋相同。
(2)未标注吊筋为2⌀16。
(3)梁编号仅本层有效。
(4)楼面挑板及腰线尺寸定位见相应标高板配筋图。
(5)楼梯梁另见楼梯详图。
(6)本层梁混凝土强度等级为C30。
(7)"_ _ _"处为双层梁，层间梁顶标高均为10.700m，梁尺寸定位及配筋详见大样图。

XX建筑设计院		泰山职业技术学院卫生院	审定		专业负责人	图号	22
		11.950 层Y向结构平面梁配筋图	院审		复核	专业	结施
资质证书编号	15131xx		室(所)审		设计	日期	2012-11
注册师印章编号	15131xx-x		项目负责人		绘图	第22张共25张	

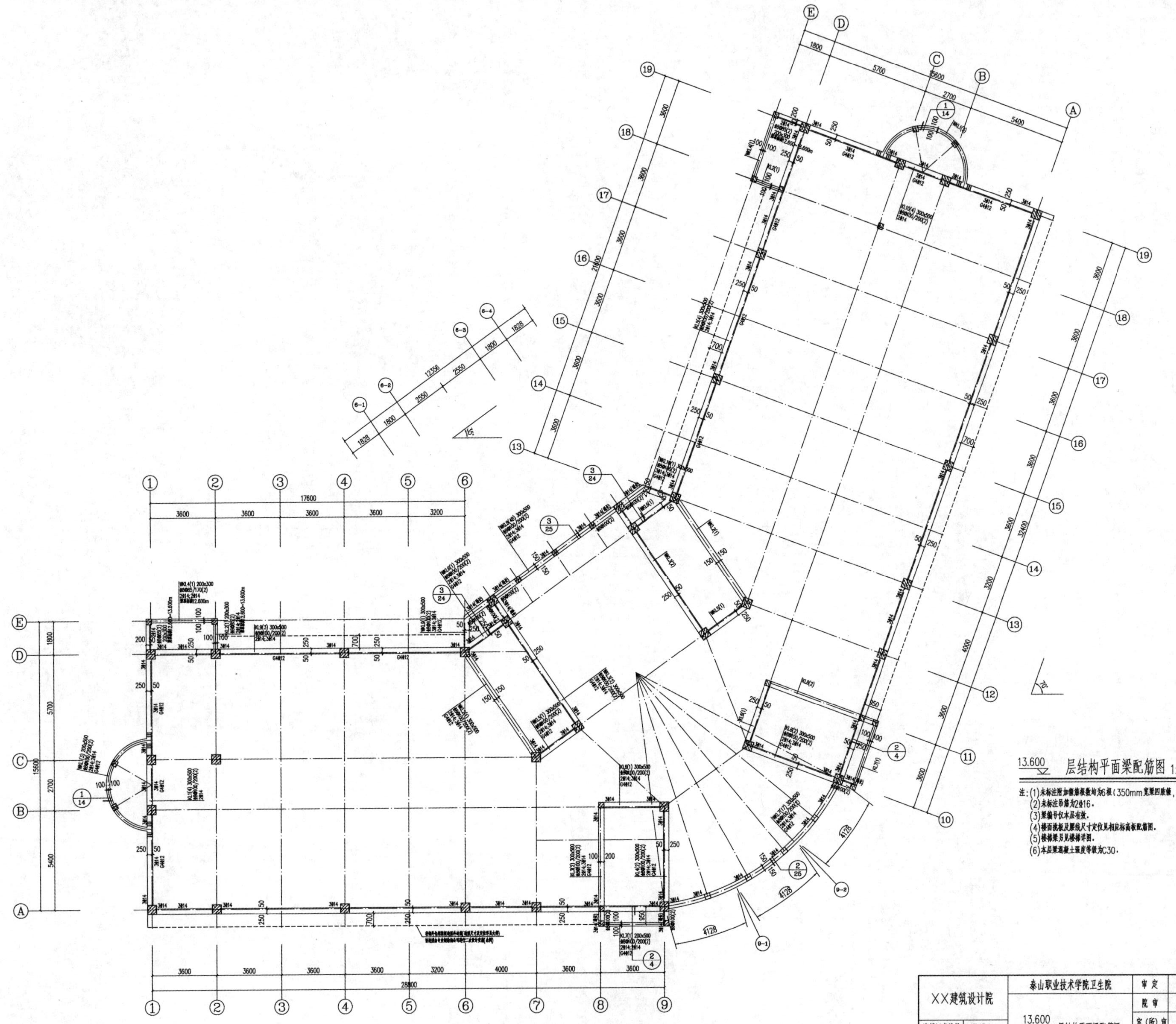

13.600 层结构平面梁配筋图 1:100

注：(1)未标注附加箍筋根数均为6根（350mm宽梁四肢箍，其余为二肢箍），附加箍筋直径与相应梁内箍筋相同。
(2)未标注吊筋为2⌀16。
(3)梁编号仅本层有效。
(4)楼面挑板及腰线尺寸定位见相应标高板配筋图。
(5)楼梯梁另见楼梯详图。
(6)本层梁混凝土强度等级为C30。

XX建筑设计院		泰山职业技术学院卫生院	审定		专业负责人		图号	23
		13.600 层结构平面梁配筋图	院审		复核		专业	结施
资质证书编号	15131xx		室（所）审		设计		日期	2012-11
注册师印章编号	15131xx-x		项目负责人		绘图		第 23 张 共 25 张	

会签	建筑	暖通
	结构	电气
	给排水	年 月 日

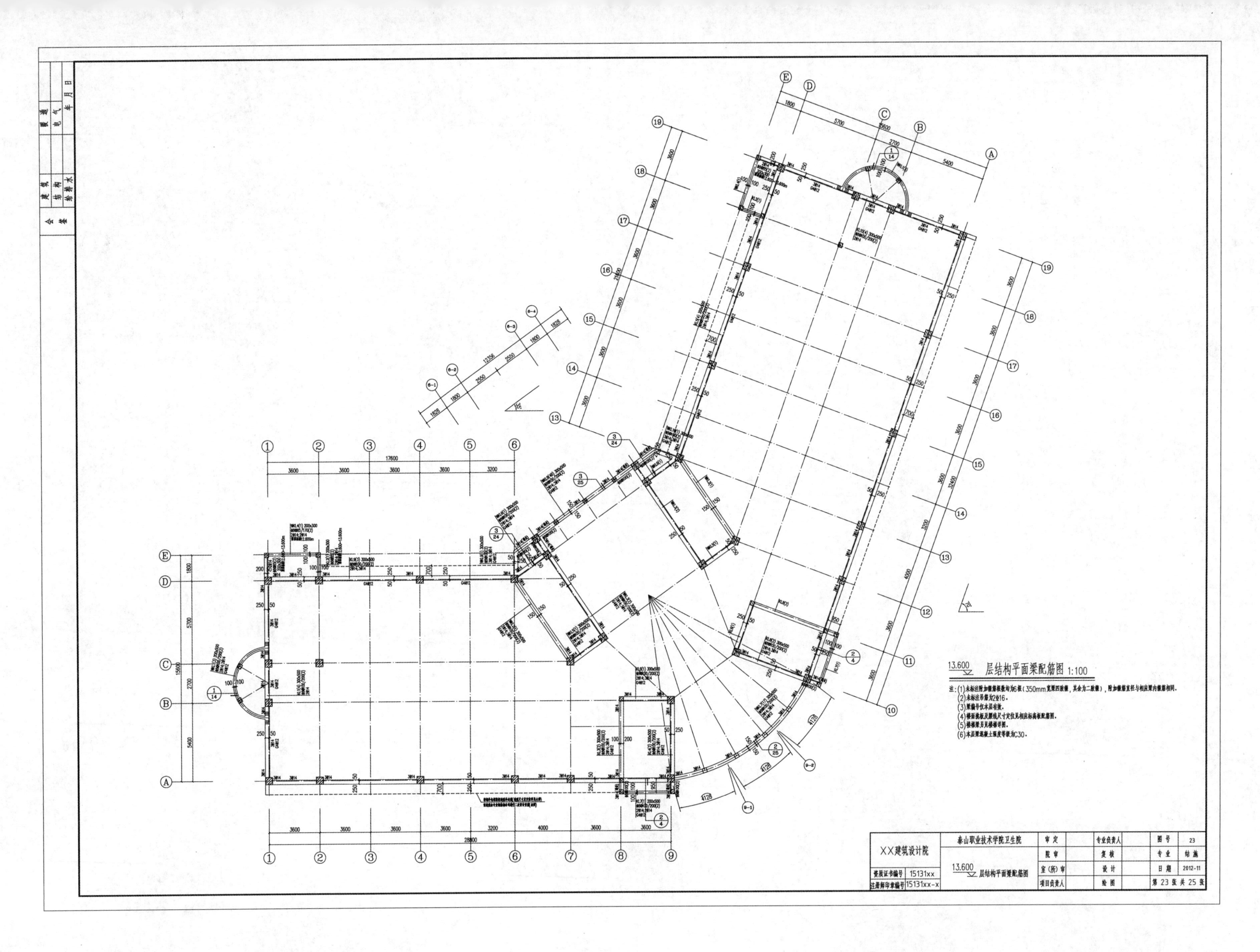

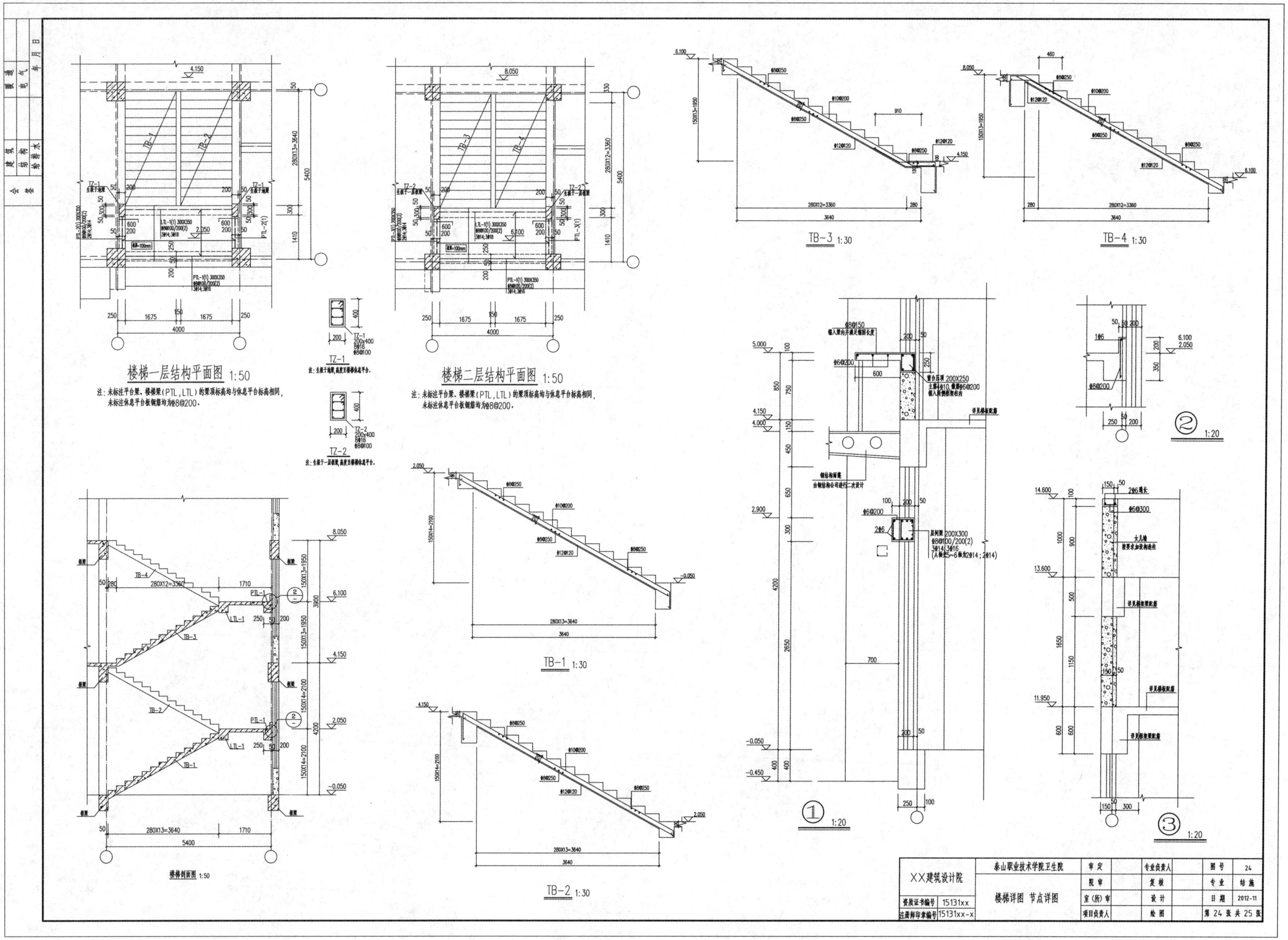

楼梯一层结构平面图 1:50
注：未标注平台梁、楼梯梁（PTL，LTL）的梁顶标高均与休息平台标高相同，
未标注休息平台板钢筋均为Φ8@200。
楼梯二层结构平面图 1:50
注：未标注平台梁、楼梯梁（PTL，LTL）的梁顶标高均与休息平台标高相同，
未标注休息平台板钢筋均为Φ8@200。
TZ-1
TZ-2
楼梯剖面图 1:50
TB-1 1:30
TB-2 1:30
TB-3 1:30
TB-4 1:30
① 1:20
② 1:20
③ 1:20
XX建筑设计院
泰山职业技术学院卫生院
楼梯详图 节点详图
资质证书编号 15131xx
注册师印章编号 15131xx-x
审定
院审
室（所）审
项目负责人
专业负责人
复核
设计
绘图
图号 24
专业 结施
日期 2012-11
第 24 张 共 25 张

会签	建 筑		暖 通	
	结 构		电 气	
	给排水		年 月 日	

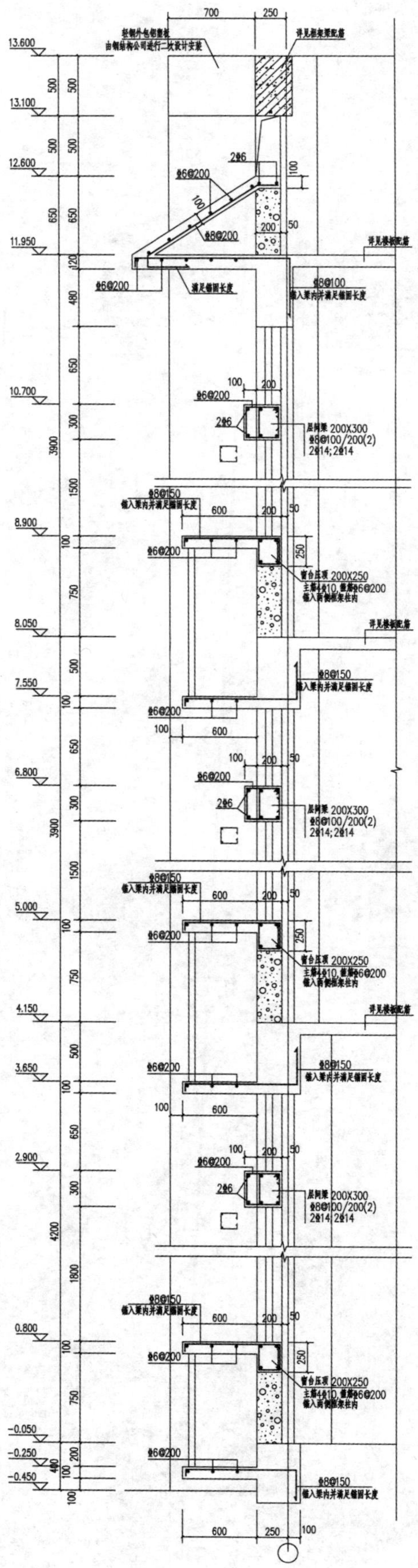

① 1:20

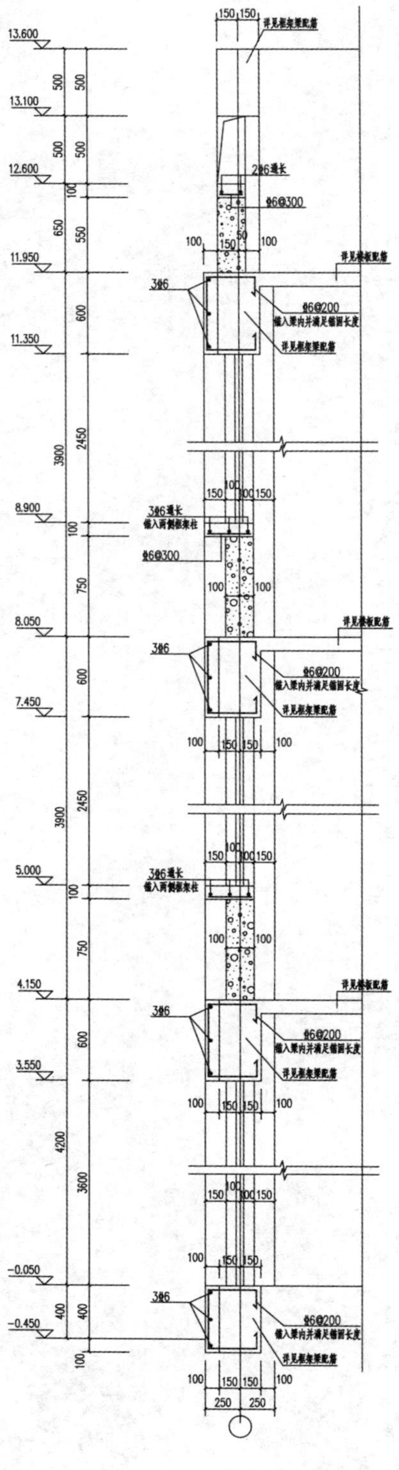

② 1:20

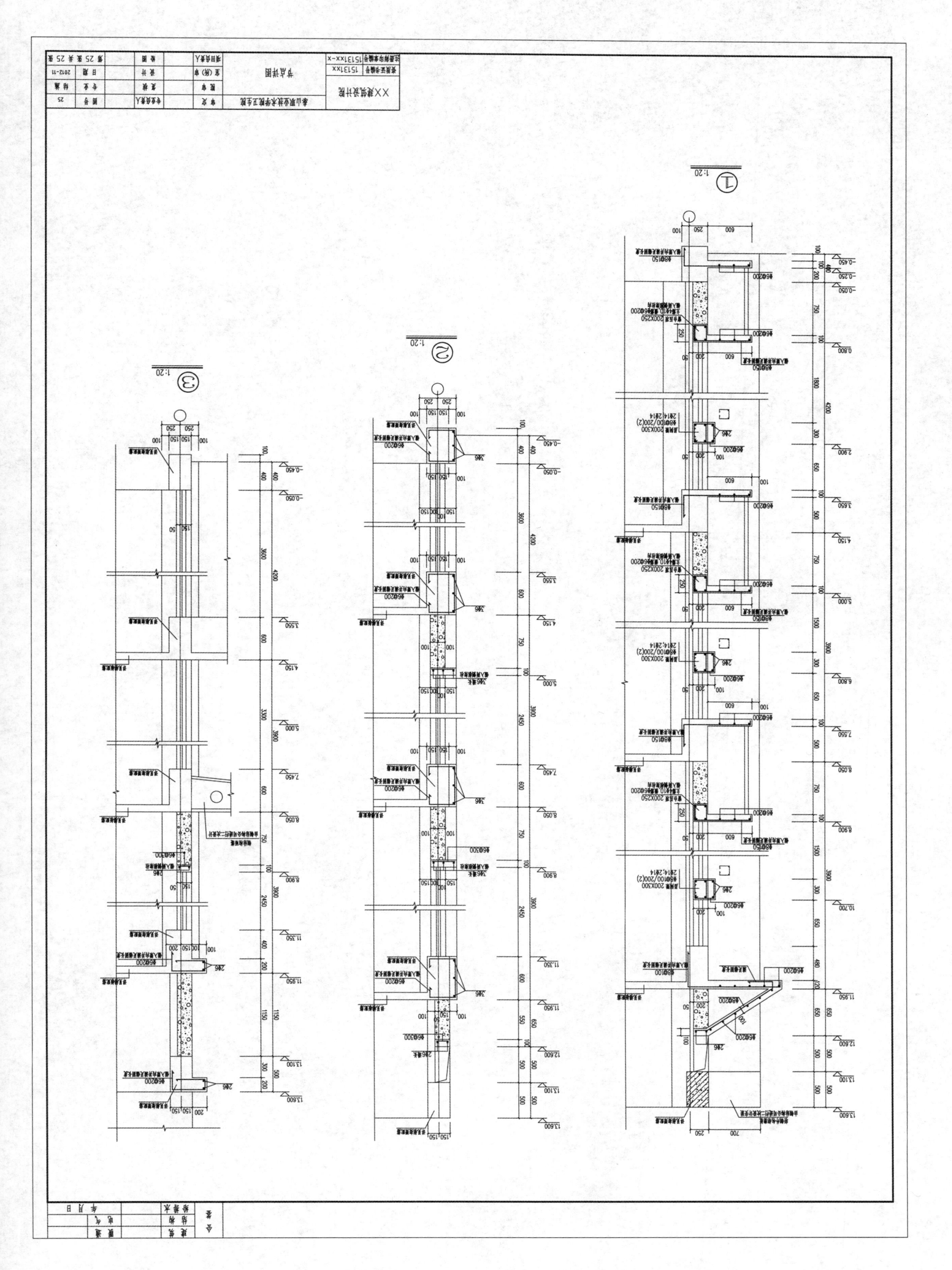

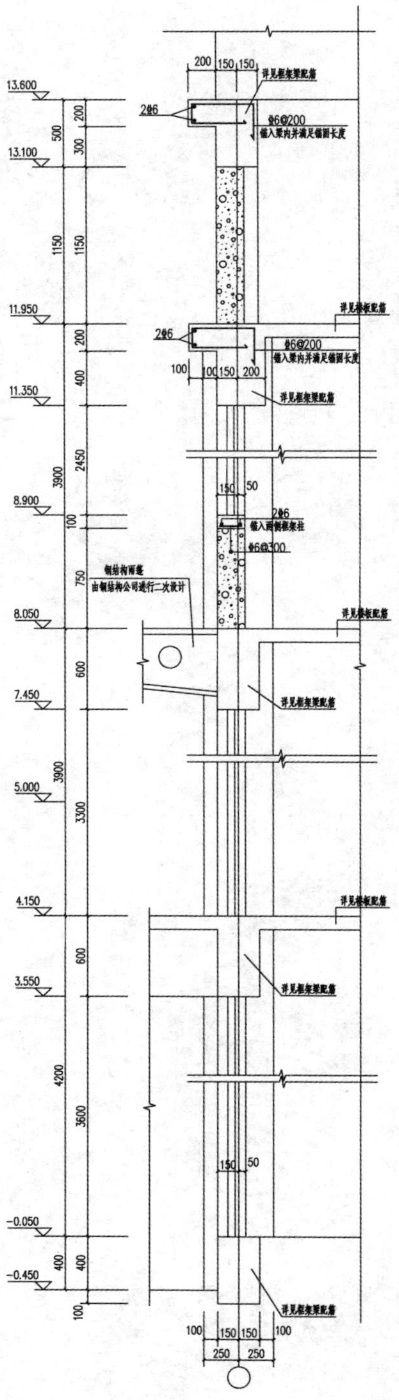

③ 1:20

XX建筑设计院	泰山职业技术学院卫生院	审 定		专业负责人		图 号	25
		院 审		复 核		专 业	结施
资质证书编号 15131xx	节点详图	室（所）审		设 计		日 期	2012-11
注册师印章编号 15131xx-x		项目负责人		绘 图		第 25 张 共 25 张	

第2部分　办公楼图纸

项目1　建筑施工图

建筑设计说明

一、设计依据

1. 泰安市规划局审批条件、方案和用地红线范围。
2. 经建设单位同意的本工程建筑方案设计图。
3. 本工程依据的主要设计规范如下。
 (1)《建筑设计防火规范》(GB 50016—2006)。
 (2)《工程建设标准强制性条文(房屋建筑部分)》。
 (3)《建筑内部装修设计防火规范》(GB 50222—1995)。
 (4)《民用建筑设计通则》(GB 50352—2005)。
 (5)《宿舍建筑设计规范》(JGJ 36—2005)。
 (6)《无障碍设计规范》(GB 50763—2012)。
 (7)《屋面工程技术规范》(GB 50345—2012)。
 (8)《建筑玻璃应用技术规程》(JGJ 113—2009)。
 (9)《公共建筑节能设计标准》(DBJ 14—036—2006)。
 (10)《民用建筑热工设计规范》(GB 50176—1993)。
 (11)国家现行的法律法规及有关建筑设计规范。

二、工程概况

1. 本工程为泰安宏邦制衣有限公司办公楼，位于泰安市宁阳县，建筑基底面积为469.60 m^2，总建筑面积为1225.24m^2。
2. 本工程总建筑高度为11.4m(自室外地坪至女儿墙顶)。地上共三层，一层层高为3.6m，二、三层层高均为3.3m，室内外高差为0.60m，女儿墙高为0.6m。
3. 本工程为多层公共建筑，建筑物耐火等级为二级。
4. 本工程结构设计使用年限为50年，抗震设防烈度为7度。
5. 本工程按民用建筑工程设计等级为三级。
6. 本工程结构形式为砖混结构，墙下采用条形基础。
7. 本套图纸设计范围为建筑施工图，室内装修设计由建设单位另行委托设计。

三、设计标高

1. 各层标注标高为建筑完成面标高，屋面标高为结构面标高。
2. 本工程标高以米为单位，其他尺寸以毫米为单位。

四、防水设计

1. 屋面防水等级为二级，采用两道防水设防，做法详见室内外工程做法。其排水方式均采用有组织排水，详见屋面平面图。
2. 卫生间和阳台的楼地面标高低于其他室内楼地面0.020m，并做1%坡度坡向地漏，楼板四周除门洞外应做混凝土翻边，其高度高出装修面100mm。

五、防火设计

(一)工程概况

本工程为多层公共建筑，砖混结构；各建筑构件(包括墙体、梁、柱、楼板、屋顶承重构件、疏散楼梯、吊顶等)均为非燃烧体，均应满足《建筑设计防火规范》，耐火等级均为二级。

(二)总平面布局

建筑总体布局详见总平面图，本建筑与周围其他建筑物的防火间距均应满足规范要求，该建筑物四周均有消防车道，其宽度应均符合要求。

(三)防火分区

本工程防火分区的划分为：三层为一个防火分区，防火分区面积均小于2500m^2，符合规范要求。

(四)其他

1. 建筑物内装修按普通标准，装修材料的燃烧性能等级应满足下列要求：
 顶棚—B1级；　墙面—B2级；　地面—B2级；
 隔断—B2级；　固定家俱—B2级
 (注：B1—难燃烧材料，B2—可燃烧材料)。
2. 建筑内部隔墙均应砌至梁板底部，不能留有空隙。
3. 各设备及电气管井待管线安装完毕后均应采用同层楼板材料进行封堵。
4. 楼梯间均靠外墙，可直接天然采光和自然通风。
5. 管道穿墙体及楼板处均应采用不燃材料(岩棉、矿棉、玻璃棉等)将四周缝隙填充密实。
6. 窗槛墙均应不小于800mm，以符合规范要求。
7. 通向室外的安全出口上方均设置宽度不少于1.0m的防火挑檐。

六、节能设计专篇

本工程属于公共建筑，根据《民用建筑热工设计规范》和山东省《公共建筑节能设计标准》进行节能设计。本工程体型系数为0.38，外墙采用40mm厚挤塑聚苯板，内外各粘贴15mm厚和10mm厚胶粉聚苯颗粒保温，屋面采用60mm厚挤塑聚苯板保温，外窗均采用塑钢中空玻璃窗，厚度为5mm+6mm+5mm。其他构造节点详图详见图集L06J113中第66~69页B体系做法。

七、室内装饰装修应禁止的行为

1. 未经原设计单位或者具有相应资质等级的设计单位提出设计方案，变动建筑主体和承重结构的。
2. 将没有防水要求的房间改为卫生间厨房间。
3. 扩大承重墙上原有的门窗尺寸，拆除连接阳台的砖，变动建筑主体和承重结构以及混凝土墙体等。
4. 损坏房屋原有的节能设施，降低节能效果。
5. 其他影响建筑结构和使用安全的行为。

八、建筑材料及门窗

1. 本工程的内外承重墙体均为240mm厚煤矸石多孔砖，非承重墙体采用120mm厚GRC轻质隔板，墙体厚度及与轴线间的定位关系详见各层平面图。
2. 为了保证工程质量，主要建筑材料须选用优质绿色环保产品，花岗石、大理石、地面砖、吊顶、门窗、铁艺栏杆、涂料等材料应有产品合格证书和必要的性能检测报告，材料的品种、规格、色彩、性能应符合现行国家标准和设计要求，不合格的材料不得在工程中使用。
3. 所有门窗所选用的玻璃厚度和框料均应满足安全强度要求，其抗风压变形、雨水渗透、空气渗透、平面内变形、保温、隔声及耐撞击等性能指标均应符合现行国家标准的规定。
4. 所有门窗在制作安装前需现场校核尺寸及数量。
5. 工程竣工时，建设单位要按照建设部《民用建筑工程室内环境污染控制规范》要求，对室内环境质量检查验收，应委托经考核认可的检测机构对建筑工程室内氡、甲醛、苯、氨总挥发性有机化合物(TVOC)的含量指标进行检测，建筑工程室内有害物质含量指标不符合规范规定的，不得投入使用。
6. 建筑物需要以玻璃作为建筑材料的下列部位必须使用安全玻璃。
 (1)面积大于1.5m^2的窗玻璃或玻璃底边离最终装修面小于500mm的玻璃窗。
 (2)倾斜装配窗，各类天棚(含天窗，采光顶等)吊顶。
 (3)室内隔断，浴室围护和屏风。
 (4)楼梯，阳台平台，走廊的栏板和中庭内栏板。
 (5)公共建筑物的出入口，门厅等部位。
 (6)易受撞击、冲击而造成人体伤害的其他部位。

九、其他

1. 卫生间的地坪均低于室内地坪20mm，并且按1%坡坡向地漏；卫生间的防水层应从地面延伸到墙面，高出地面不小于500mm。
2. 凡外墙突出部位如女儿墙压顶，窗台线脚，墙身线脚，檐口等，上表面均应做1%的排水坡度，并且所有窗台、挑檐及空调板下都必须做10mm宽、8mm深的滴水线。
3. 楼梯处设置的栏杆，应采用不易攀登的构造，垂直栏杆间的净距离均应小于110mm。
4. 楼梯间及首层窗均应做铝合金网防护或电子防护。
5. 施工单位应严格遵照国家现行施工及验收规范进行施工，若遇图纸有误或不明确之处，应及时与设计人员协商，待处理答复后方可继续施工。
6. 施工前施工单位应认真熟悉图纸，组织图纸会审，施工过程中若发现问题或不利于施工需修改设计的，需通过建设单位、设计单位、施工单位三方面研究确定。土建、设备安装各专业应密切配合，发现问题应及时解决。避免开槽打洞，影响工程质量。
7. 本设计未述及之处均按现行国家、地方有关标准以及施工和验收规范执行。
8. 本图纸室内装修设计为参考做法。例如，做二次装修，具体做法详见装修公司所做装修施工图，但不应破坏承重体系和违反防火规范。

十、本工程采用的主要标准图集

(1)04J601-1　木门窗　　(8)L04J006　建筑无障碍设计
(2)L02J101　墙身配件　　(9)L99J605　PVC塑料门窗
(3)L03J004　室外配件　　(10)L06J002　建筑工程做法
(4)L01J202　屋面　　(11)L96J003　卫生间配件及洗池
(5)L96J401　楼梯配件　　(12)L05J105　住宅厨房卫生间防火型排烟气道
(6)L06J113　居住建筑保温构造详图(节能65%)
(7)L09J132　民用建筑节能施工图设计深度图样

十一、本工程采用的墙体材料

名称	厚度/mm	耐火极限/h	用途	图例
煤矸石烧结砖	240	2.5	承重墙	
GRC轻质隔板	120	3.0	非承重墙	

建筑工程做法

序号	位置	编号及名称	适用范围	备注
1	散水	散1，细石混凝土散水	建筑物四周	宽900mm
2	坡道	坡1，水泥砂浆坡道	建筑物入口	
3	地面	地14，地面砖地面	用于除卫生间外的地面	具体做法：①8~10mm厚地砖，干水泥擦缝；②30mm厚1：3干硬性水泥砂浆结合层；③素水泥浆一道；④60mm厚C20细石混凝土(内配Φ4双向间距150钢筋网)；⑤60mm厚挤塑聚苯板保温材料(压缩强度不小于350kPa)；⑥60mm厚C15混凝土垫层随打随抹；⑦300mm厚3：7灰土夯实；⑧素土夯实，压实系数大于等于0.9
		地15，地面砖防水地面	用于卫生间地面	具体做法：①8~10mm厚地砖，干水泥擦缝；②30mm厚1：3干硬性水泥砂浆结合层；③1.5mm厚合成高分子防水涂料；④刷基层处理剂一道；⑤20mm厚1;3水泥砂浆找平；⑥素水泥浆一道；⑦60mm厚C20细石混凝土(内配Φ4双向间距150钢筋网)；⑧60mm厚挤塑聚苯板保温材料(压缩强度不小于350kPa)；⑨60mm厚C15混凝土垫层随打随抹；⑩300mm厚3：7灰土夯实；⑪素土夯实，压实系数大于等于0.9
4	楼面	楼15，地面砖楼面	用于除卫生间外的楼面	采用600mmX600mm白色防滑地面砖
		楼17，地面砖防水楼面	用于卫生间的楼面	采用200mmX200mm白色防滑地面砖
5	内墙	内墙4，混合砂浆抹面内墙	用于除卫生间外的所有内墙面	
		内墙33，面砖防水内墙	用于卫生间内墙面	面砖至顶
6	外墙	外墙19，粘贴挤塑聚苯板薄抹灰保温涂料外墙	用于涂料外墙面	第4条为50mm厚挤塑聚苯板保温层时
7	顶棚	棚3，水泥砂浆涂料顶棚	用于除卫生间外的顶棚	
		棚15，PVC板吊顶	用于卫生间顶棚	
8	踢脚	踢4，面砖踢脚	用于地面砖楼地面	高出楼地面150mm
9	屋面	屋15，水泥砂浆平屋面	用于平屋面	第6条为70mm厚挤塑聚苯板保温层时
10	涂料	涂1，调和漆	用于木材面	颜色甲方自定
		涂11，金属面油漆	用于金属面	颜色甲方自定

注：未写明做法的均可参考《建筑工程做法》(L06J002)。

山东XX建筑设计有限公司		工程名称	山东XX制衣有限公司厂区	审定		工程负责人		工程编号	TA1017
		项目名称	办公楼	审核		专业负责人		专业	建筑
资质证书编号	1512xx-SJ	图名	建筑设计说明 建筑工程做法	校核		图纸规格	A2	图纸编号	建施-1
注册师印章编号	1512xx-003			设计		日期	2010.10	第 1 张 共 12 张	

建筑节能专项说明

1.设计依据

(1)《公共建筑节能设计标准》(DBJ 14-036-2006)。
(2)《外墙外保温应用技术规程(聚苯板增强网薄抹灰外墙外保温系统)》(DBJ 14-035-2007)。
(3)《公共建筑节能设计标准》(GB 50189-2005)。
(4)《民用建筑热工设计规范》(GB 50176-1993)。
(5)《建筑节能工程施工质量验收规范》(GB 50411-2007)。
(6)《外墙外保温工程技术规程》(JGJ 144-2004)。
(7)《民用建筑节能条例》(中华人民共和国国务院令第530号)。
(8)《民用建筑节能管理规定》(中华人民共和国建设部令第143号)。
(9)《山东省新型墙体材料发展应用与建筑节能管理规定》(山东省人民政府令第181号)。
(10)中华人民共和国公安部、住房和城乡建设部文件《民用建筑外保温系统及外墙装饰防火暂行规定》(公通字[2009]46号)。

2.工程概况

2.1 本工程为泰安市宏邦制衣有限公司厂区办公楼，建筑层数为地上三层，一层层高3.6m，二、三层层高3.3m，总高度为11.4m，结构类型为砖混结构。
2.2 墙体材料采用240mm厚煤矸石多孔砖，外饰面材料为外墙涂料。
2.3 本工程非采暖空间部位为：各层非采暖楼梯间。

3.其他节能设计

3.1 当窗（包括透明幕墙）墙面积比小于0.04时，玻璃（或其他透明材料）的可见光透射比不应小于0.40。
3.2 外窗可开启面积不应小于窗面积的30%；透明幕墙应具有可开启部分或设有通风换气装置，可开启部分的面积不宜小于幕墙面积的15%。
3.3 建筑外窗的气密性能不应低于国家标准《建筑外门窗气密、水密、抗风压性能分级及检测方法》(GB/T 7106-2008)中规定的4级，其气密性能分级指标值为：单位缝长空气渗透量为$0.50 \leq q_1 \leq 1.50[m^3/(m \cdot h)]$；单位面积空气渗透量为$1.50 \leq q_2 \leq 4.50[m^3/(m \cdot h)]$。
3.4 透明幕墙整体气密性能不应低于《建筑幕墙气密、水密、抗风压性能检测方法》(GB/T 15227-2007)中规定的3级，其气密性能分级指标值为：建筑幕墙开启部分为$0.50 \leq q_L \leq 1.50[m^3/(m \cdot h)]$；建筑幕墙整体（含开启部分）为$0.50 \leq q_A \leq 1.20[m^3/(m \cdot h)]$。
3.5 外墙挑出构件及附墙部件（如阳台、雨篷等）采用20mm厚胶粉聚苯颗粒保温材料，构造详见L06J113图集第68页。
3.6 门窗口周边外侧墙面采用20mm厚挤塑聚苯板保温材料，详见L06J113图集第67页。
3.7 门、窗框与墙体之间的缝隙，应采用聚氨酯高效保温材料填实，并用密封膏嵌缝，不得采用普通水泥砂浆补缝。

4.结论及其他要求

4.1 该工程采用直接判定法，建筑热工设计应符合《公共建筑节能设计标准》(DBJ 14-036-2006)的规定，能够达到总体节能65%的目标要求。
4.2 保温材料的密度、导热系数或热阻、燃烧性能等指标，以及其他相关材料的性能，应符合山东省建筑标准设计图集《居住建筑保温构造详图》(L06J113)、《外墙外保温应用技术规程(聚苯板增强网薄抹灰外墙外保温系统)》(DBJ 14-035-2007)及《外墙外保温工程技术规程》(JGJ 144-2004)的要求。
4.3 外饰面涂料的技术指标，应符合山东省建筑标准设计图集《居住建筑保温构造详图》(L06J113)、《外墙外保温应用技术规程（聚苯板增强网薄抹灰外墙外保温系统）》(DBJ 14-035-2007)及《外墙外保温工程技术规程》(JGJ 144-2004)的要求。
4.4 在正确使用和正常维护的条件下，外墙外保温工程的使用年限不应少于25年。
4.5 本工程屋面、外墙保温材料的燃烧性能为B2级，外墙每层沿楼板位置应设置宽度不小于300mm的防火隔离带，做法详见《公共建筑节能保温构造详图》(L09J130)第69页B图；屋顶与外墙交界处、屋面开口部位四周应设置宽度不小于500mm的水平防火隔离带，做法详见《公共建筑节能保温构造详图》(L09J130)第129页1图；外保温系统及外墙装饰防火的其他问题应根据公安部、住房和城乡建设部文件《民用建筑外保温系统及外墙装饰防火暂行规定》（公通字[2009]46号）执行。
4.6 围护结构保温应严格按照保温体系成套技术标准施工，不得更改系统构造和组成材料；应符合山东省建筑标准设计图集《居住建筑保温构造详图》(L06J113)、《外墙外保温应用技术规程(聚苯板增强网薄抹灰外墙外保温系统)》(DBJ 14-035-2007)及《外墙外保温工程技术规程》(JGJ 144-2004)及《建筑节能工程施工质量验收规范》(GB 50411-2007)的要求。
4.7 玻璃幕墙、金属及石材幕墙、轻钢屋面、玻璃采光顶等的二次设计、制作、施工，涉及建筑节能的内容应满足本设计的节能要求。

公共建筑节能设计登记表

工程名称		工程编号	建筑面积/m²	屋顶透明部分面积与屋顶总面积之比	规定值	设计值	结构类型
泰安市宏邦制衣有限公司厂区办公楼			1225.24		≤0.20		■砌体 □框架 □剪力墙 □钢结构 □其他（ ）
建筑外表面积/m²	建筑体积/m³	体形系数S		中庭屋顶透明部分面积与中庭屋顶面积之比	规定值	设计值	
1574.28	4184.17	0.38			≤0.70		窗墙面积比 南0.32 东0.08 西0.09 北0.21

围护结构		传热系数K限值/[W/(m²·K)] $S \leq 0.30$		$0.30 < S \leq 0.40$		选用做法传热系数K		做法说明
屋面		≤0.55		≤0.45		0.44		70mm厚挤塑聚苯板保温层
外墙（包括非透明幕墙）		≤0.60		≤0.50		0.49		50mm厚挤塑聚苯板保温层，详见L07J109第16页第8栏
底面接触室外空气的架空和外挑楼板		≤0.60		≤0.50		0.56		板下采用50mm厚挤塑聚苯板保温层
非采暖空调房间与采暖空调房间的隔墙		≤1.50		≤1.50		1.44		240mm厚煤矸石空心砖自保温
非采暖空调房间与采暖空调房间的楼板		≤1.50		≤1.50				
变形缝两侧墙体		≤1.50		≤1.50				
外窗（包括透明幕墙）		传热系数K	遮阳系数SC	传热系数K	遮阳系数SC	选用传热系数K	选用遮阳系数SC	
同一朝向外窗（包括透明幕墙）	窗墙面积比≤0.20	≤3.50	–	≤3.00	–			
	0.20<窗墙面积比≤0.30	≤3.00	–	≤2.50	–			
	0.30<窗墙面积比≤0.40	≤2.70	≤0.70	≤2.30	≤0.70	2.6	0.65	塑钢蓝色中空玻璃窗，厚度为（5+9+5）mm
	0.40<窗墙面积比≤0.50	≤2.30	≤0.60	≤2.00	≤0.60			
	0.50<窗墙面积比≤0.70	≤2.00	≤0.50	≤1.80	≤0.50			
	屋顶透明部分	≤2.70	≤0.50	≤2.70	≤0.50			
采暖空调房间地面		热阻R限值/(m²·K/W)	≥1.50		选用做法热阻值R/(m²·K/W)	1.68		40mm厚挤塑聚苯板，详见室内外工程做法
采暖空调地下室外墙（与土壤接触的墙）			≥1.50					

注：外墙传热系数是包括结构性热桥在内的平均传热系数。

设计单位（章）	审核	校对	设计

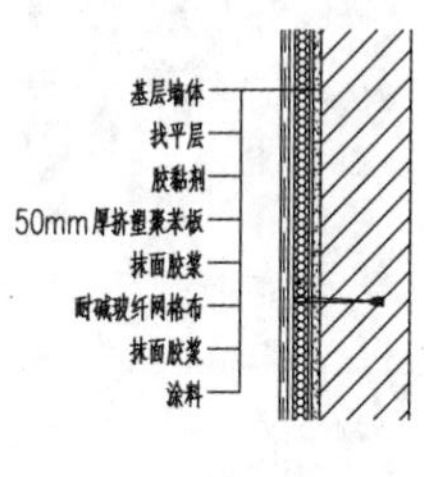

外墙涂料做法

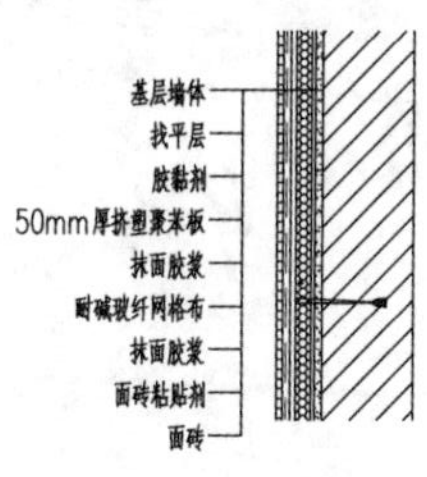

外墙面砖做法

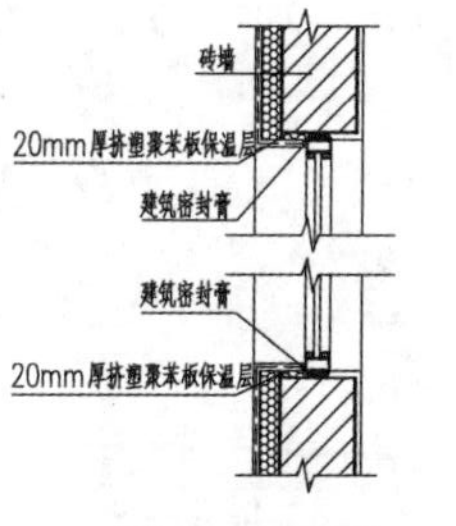

窗上下口保温构造详图

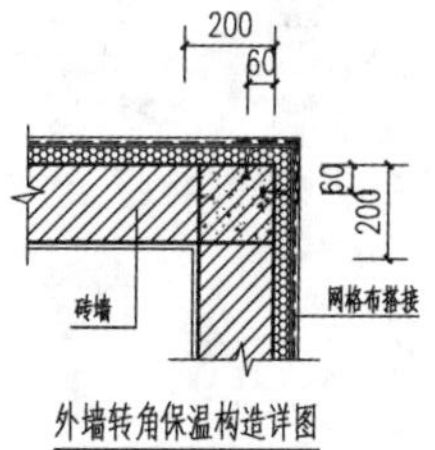

外墙转角保温构造详图

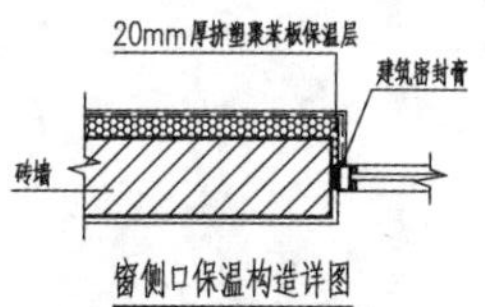

窗侧口保温构造详图

山东xx建筑设计有限公司		工程名称	山东xx制衣有限公司厂区	审　定		工程负责人		工程编号	TA1017
		项目名称	办公楼	审　核		专业负责人		专　业	建筑
资质证书编号	1512xx-SJ	图　名	建筑节能专项说明	校　核		图纸规格	A2	图纸编号	建施-2
注册师印章编号	1512xx-003			设　计		日　期	2010.10	第 2 张 共 12 张	

门窗表

类型	设计编号	洞口尺寸/mm	数量	图集名称	页次	选用型号	备注
门	M1	1000X2100	12	L92J601	66	M2-193	平开木质夹板门
	M2	800X2100	2	L92J601	57	M2-13	平开木质夹板门
	M3	1500X2100	6	L92J601	84	M2-521	平开木质夹板门
	M4	900X2100	4	L92J601	59	M2-58	平开木质夹板门
	M5	1200X2100	2				塑钢中空玻璃平开门
	MLC1	5600X3000	1				塑钢中空玻璃平开门
窗	C1	2400X1800	52	L99J605	43	TC-96	塑钢中空玻璃推拉窗
	C2	1800X1800	4	L99J605	42	TC-73	塑钢中空玻璃推拉窗
	C3	1200X1800	2	L99J605	42	TC-71	塑钢中空玻璃推拉窗
	C4	5600X1800	2				塑钢中空玻璃推拉窗
墙洞	DK1	1500X2100	2				

注：(1)门窗数量以实际统计为准。
(2)图中所注外围尺寸均为建筑洞口尺寸,门窗制作时要考虑安装间距。
(3)门窗内部分隔仅作示意，精确尺寸应根据选用框料断面形式、尺寸确定。
(4)门窗所用五金在制作时统一考虑，具体选型及档次由甲方确认。
(5)外窗均采用80系列塑钢型材，高档中空玻璃（厚度5mm+9mm+5mm），彩色喷塑。
(6)内门窗选型及做法见二次装修图，选型及档次由甲方确认。
(7)外窗可开启扇均设纱扇，卫生间窗采用压花玻璃。
(8)外窗（包括阳台门）的气密性等级不应低于现行国家标准《建筑外门窗气密、水密、抗风压性能分级及其检测方法》(GB/T 7106-2008)中规定的4级水平，空气渗透量q_1不大于1.5m³/(m·h)；保温性等级不应低于现行国家标准《建筑外门窗保温性能分级及检测方法》(GB/T 8484-2008)中规定的8级水平。
(9)窗的抗风压性能、水密性能、气密性能、保温性能、空气声隔声性能、采光性能等窗的物理性能均应符合国家现行相关标准的规定。
(10)建筑物下列部位需要使用安全玻璃：
①面积大于1.5m²的窗玻璃或玻璃底边离最终装修面小于500mm的玻璃窗；
②倾斜装配窗，各类天棚(含天窗,采光顶等)吊顶；
③室内隔断，浴室围护和屏风；
④楼梯、阳台平台、走廊的栏板和中庭内栏板；
⑤公共建筑物的出入口，门厅等部位；
⑥易受撞击、冲击而造成人体伤害的其他部位。

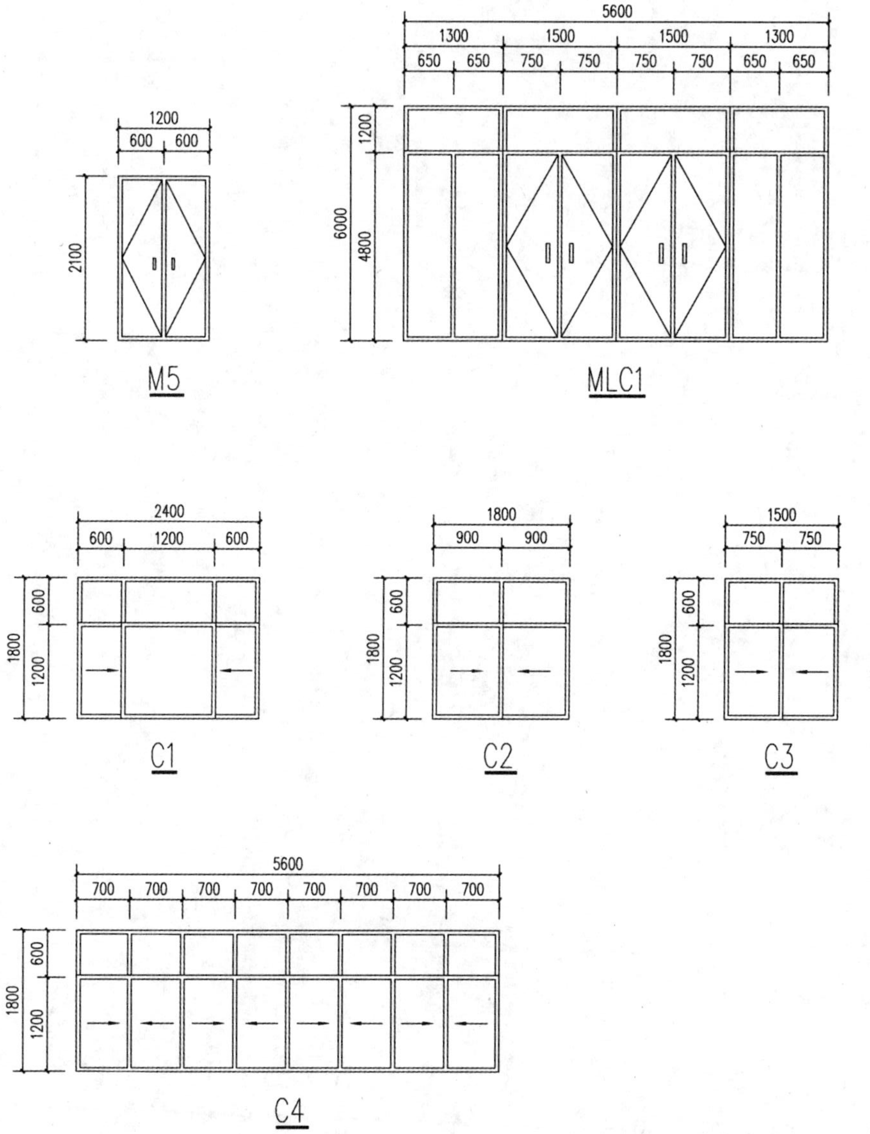

山东xx建筑设计有限公司	工程名称	山东xx制衣有限公司厂区	审定		工程负责人	工程编号	TA1017
	项目名称	办公楼	审核		专业负责人	专业	建筑
资质证书编号 151263-SJ	图名	门窗表及门窗大样图	校核		图纸规格 A2	图纸编号	建施-3
注册师印章编号 151263-003			设计		日期 2010.10	第 3 张 共 12 张	

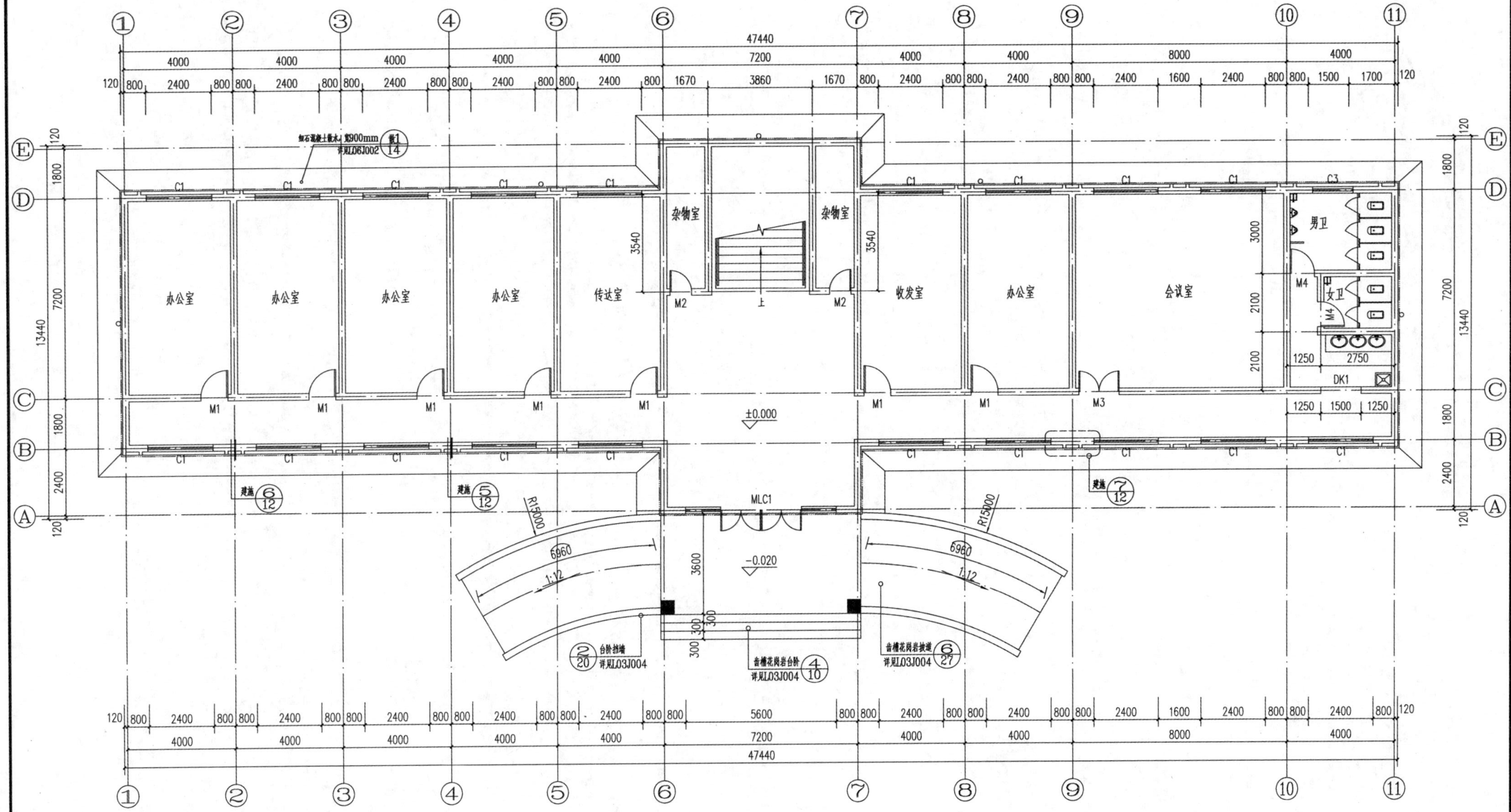

一层平面图 1:100

本层建筑面积：469.60m²

注：(1)梁柱尺寸及具体位置详见结施。

(2)内外承重墙体均采用240mm厚煤矸石多孔砖，卫生间隔墙采用120mm厚GRC轻质隔板，除特别注明外，墙体定位均轴线居中。

(3)除图中已标注的外，门垛尺寸均为120mm。

(4)ø100白色UPVC雨水管及ø50白色UPVC冷凝水管排至散水面上150mm。

(5)卫生间的室内标高比其他楼面标高低0.020m，以1%的坡度做坡向地漏。

图例

- 构造柱
- 240mm厚煤矸石多孔砖
- 120mm厚GRC轻质隔板
- 外墙外保温
- 内墙内保温

山东xx建筑设计有限公司		工程名称	山东xx制衣有限公司厂区	审　定		工程负责人		工程编号	TA1017
		项目名称	办公楼	审　核		专业负责人		专　业	建筑
资质证书编号	1512xx-SJ	图　名	一层平面图	校　核		图纸规格	A2	图纸编号	建施-4
注册师印章编号	1512xx-003			设　计		日　期	2010.10	第 4 张 共 12 张	

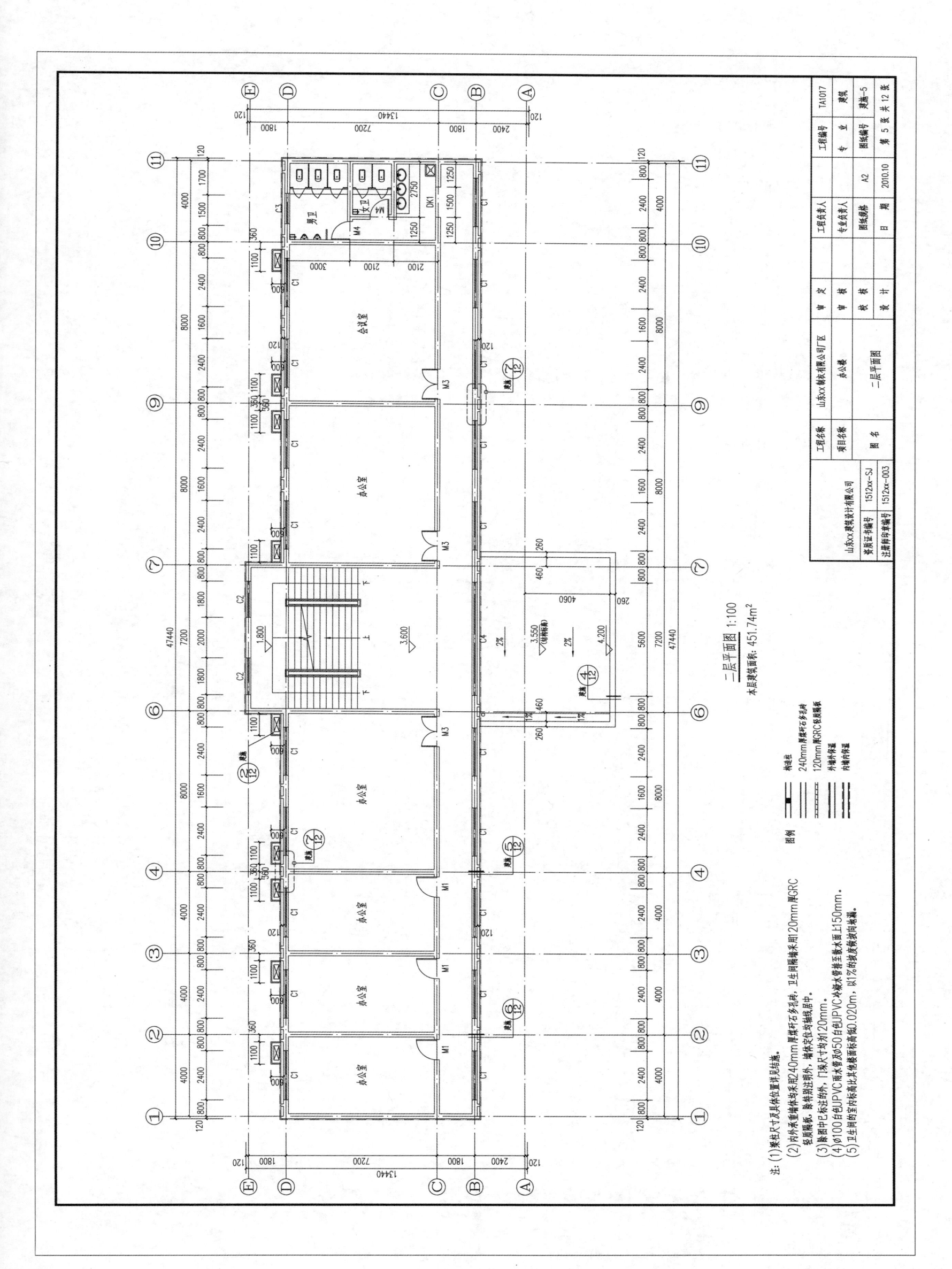

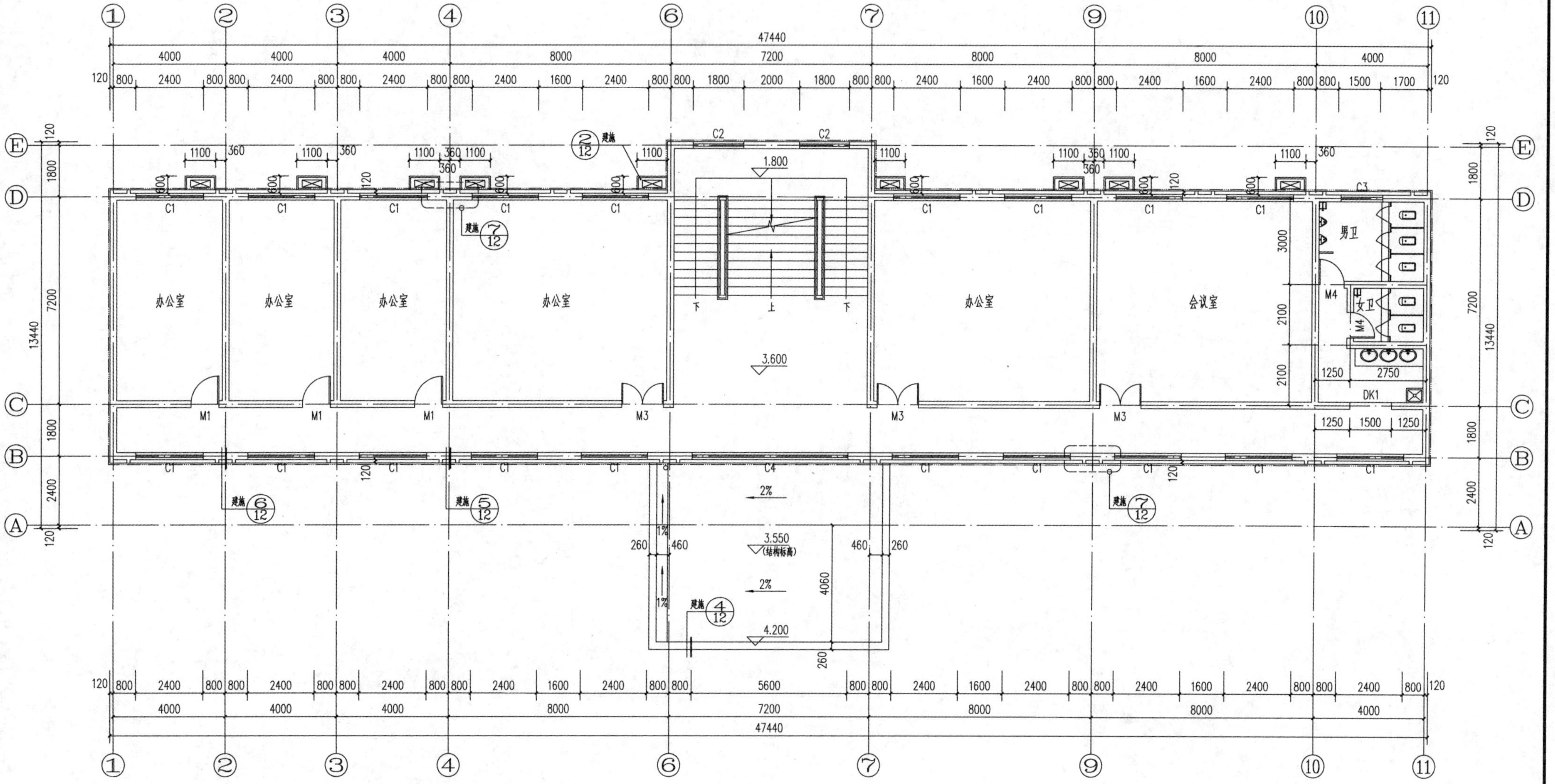

二层平面图 1:100

本层建筑面积: 451.74m^2

注: (1)梁柱尺寸及具体位置详见结施。

(2)内外承重墙体均采用240mm厚煤矸石多孔砖，卫生间隔墙采用120mm厚GRC轻质隔板，除特别注明外，墙体定位均轴线居中。

(3)除图中已标注的外，门垛尺寸均为120mm。

(4)Ø100白色UPVC雨水管及Ø50白色UPVC冷凝水管排至散水面上150mm。

(5)卫生间的室内标高比其他楼面标高低0.020m，以1%的坡度做坡向地漏。

图例

- 构造柱
- 240mm厚煤矸石多孔砖
- 120mm厚GRC轻质隔板
- 外墙外保温
- 内墙内保温

山东xx建筑设计有限公司		工程名称	山东xx制衣有限公司厂区	审　定		工程负责人		工程编号	TA1017
		项目名称	办公楼	审　核		专业负责人		专　业	建筑
资质证书编号	1512xx-SJ	图　名	二层平面图	校　核		图纸规格	A2	图纸编号	建施-5
注册师印章编号	1512xx-003			设　计		日　期	2010.10	第 5 张 共 12 张	

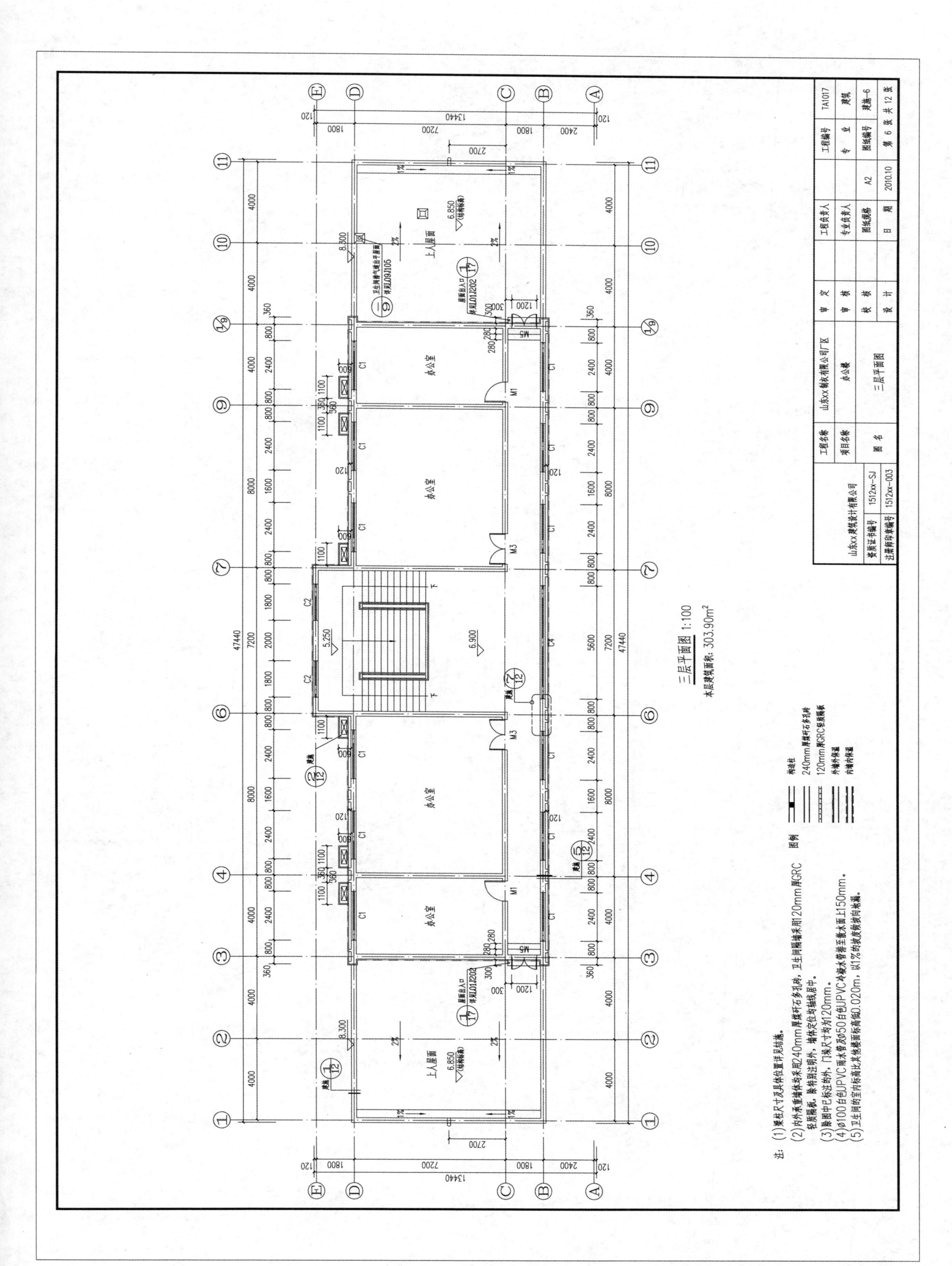

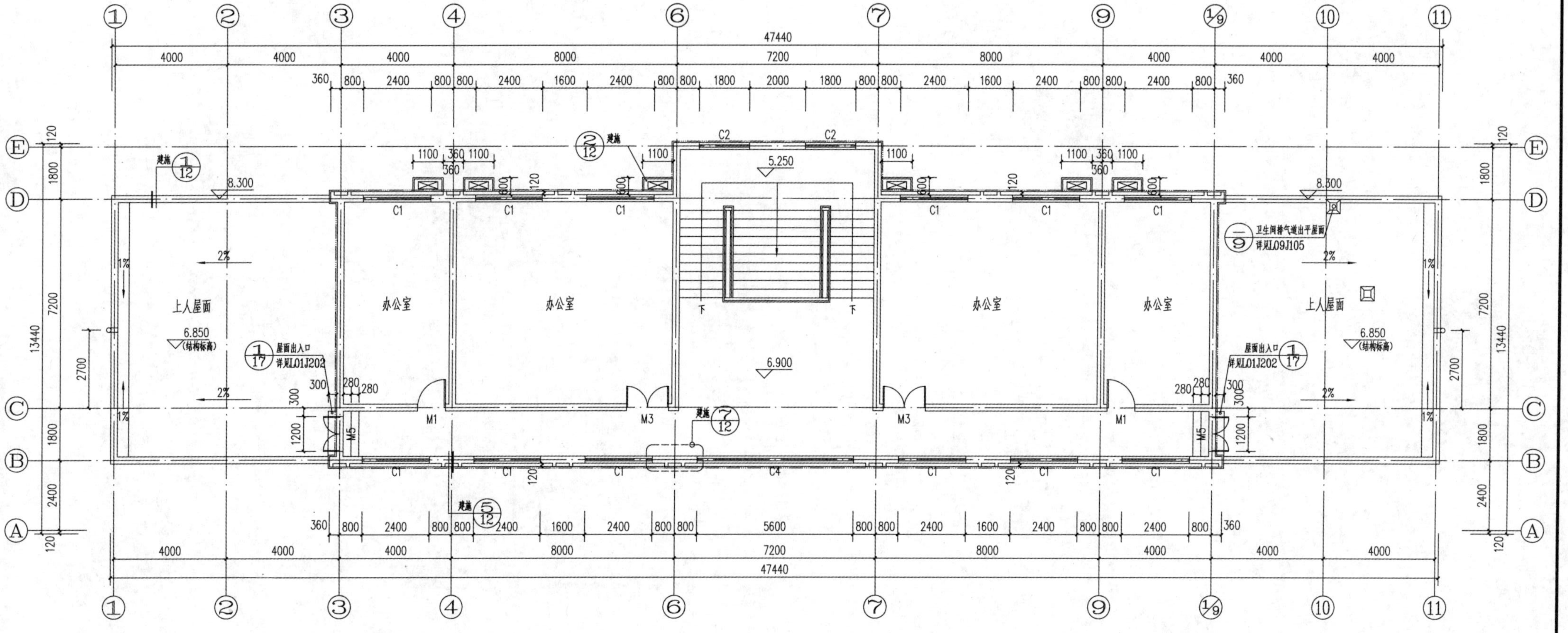

三层平面图 1:100

本层建筑面积：303.90m²

注：(1)梁柱尺寸及具体位置详见结施。
(2)内外承重墙体均采用240mm厚煤矸石多孔砖，卫生间隔墙采用120mm厚GRC轻质隔板，除特别注明外，墙体定位均轴线居中。
(3)除图中已标注的外，门垛尺寸均为120mm。
(4)ø100白色UPVC雨水管及ø50白色UPVC冷凝水管排至散水面上150mm。
(5)卫生间的室内标高比其他楼面标高低0.020m，以1%的坡度做坡向地漏。

图例
- 构造柱
- 240mm厚煤矸石多孔砖
- 120mm厚GRC轻质隔板
- 外墙外保温
- 内墙内保温

山东xx建筑设计有限公司		工程名称	山东xx制衣有限公司厂区	审　定	工程负责人		工程编号	TA1017
		项目名称	办公楼	审　核	专业负责人		专　业	建筑
资质证书编号	1512xx-SJ	图　名	三层平面图	校　核	图纸规格	A2	图纸编号	建施-6
注册师印章编号	1512xx-003			设　计	日　期	2010.10	第 6 张 共 12 张	

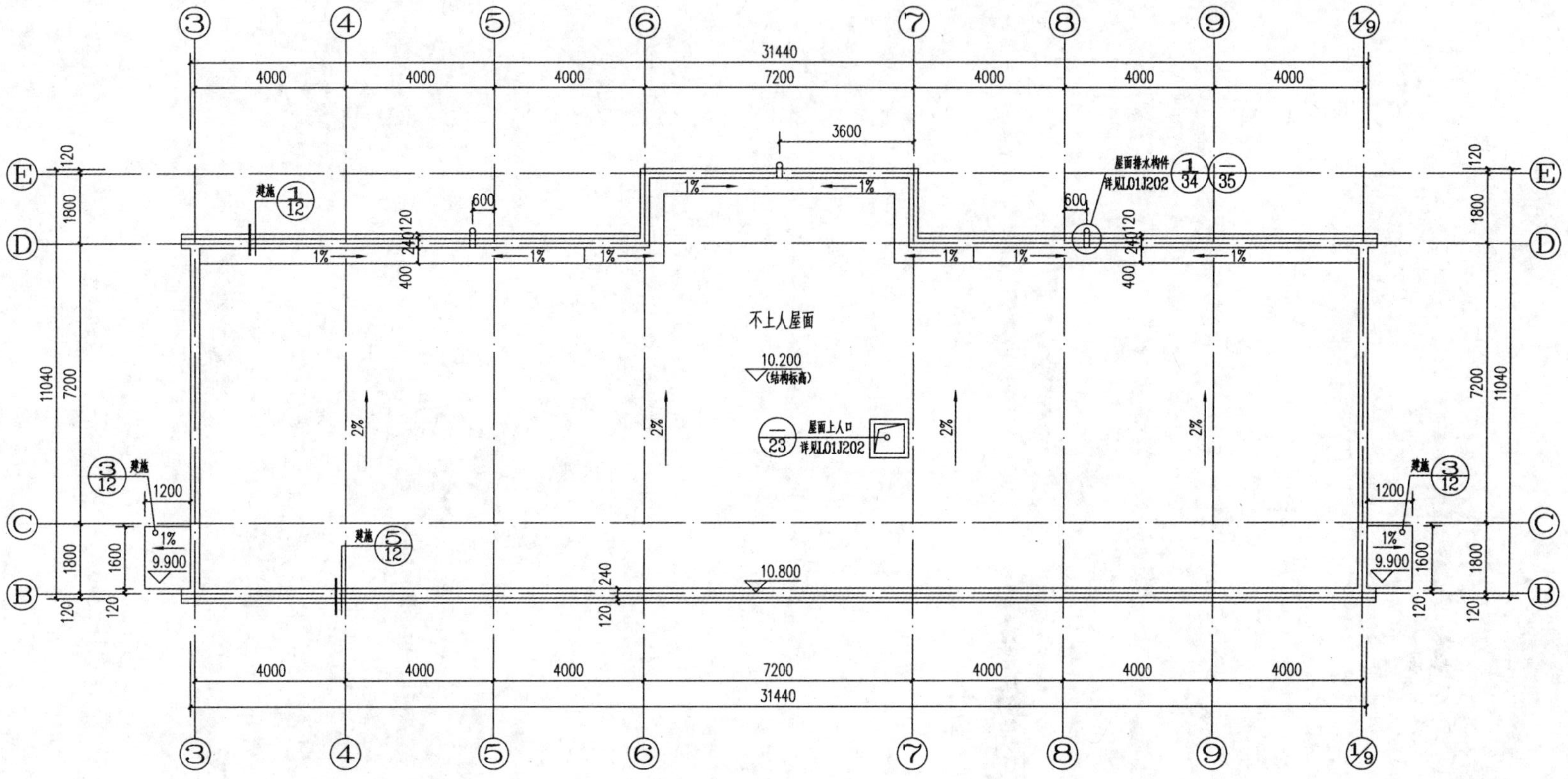

屋面平面图 1:100

山东xx建筑设计有限公司		工程名称	山东xx制衣有限公司厂区	审 定		工程负责人		工程编号	TA1017
		项目名称	办公楼	审 核		专业负责人		专 业	建筑
资质证书编号	1512xx-SJ	图 名	屋面平面图	校 核		图纸规格	A2	图纸编号	建施-7
注册师印章编号	1512xx-003			设 计		日 期	2010.10	第 7 张 共 12 张	

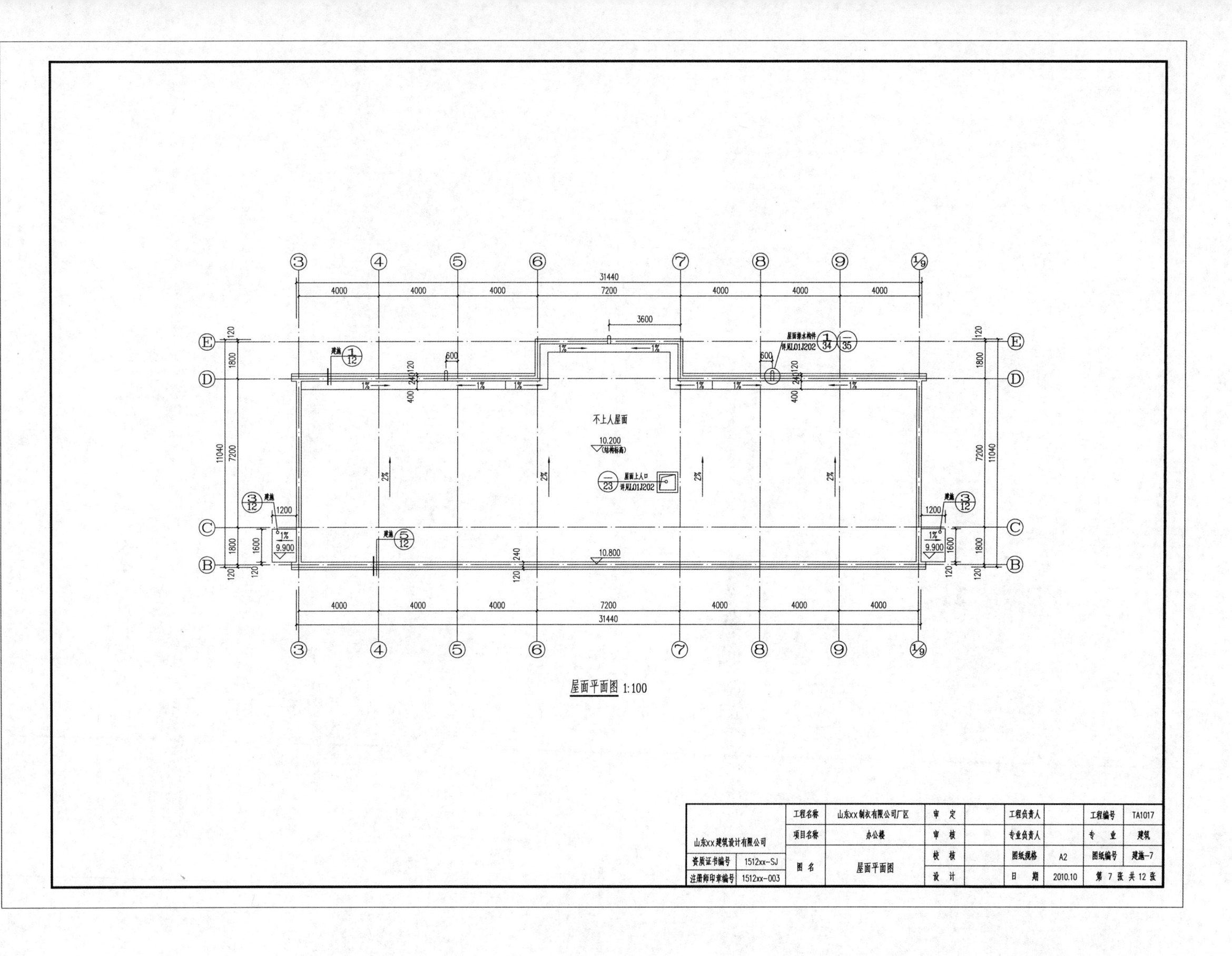

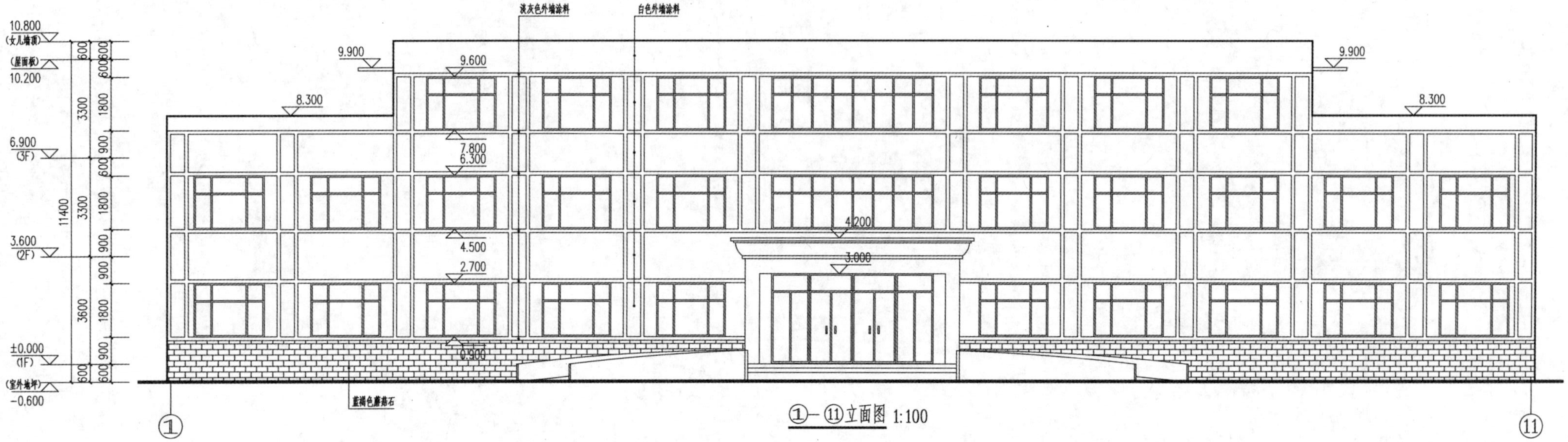

①—⑪立面图 1:100

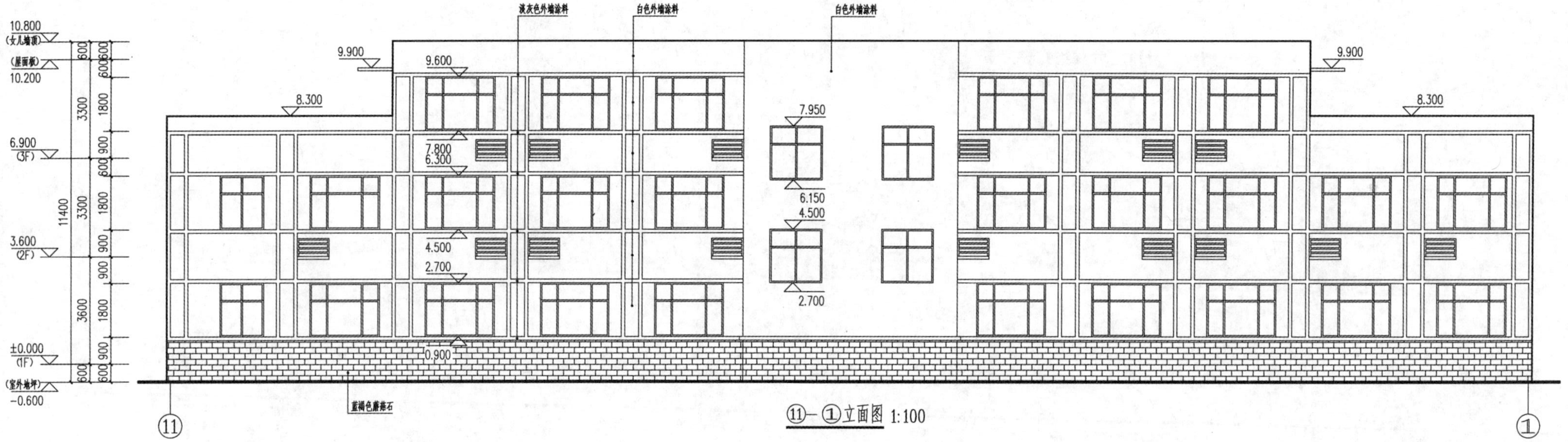

⑪—①立面图 1:100

山东xx建筑设计有限公司		工程名称	山东xx制衣有限公司厂区	审 定		工程负责人		工程编号	TA1017
		项目名称	办公楼	审 核		专业负责人		专 业	建筑
资质证书编号	1512xx-SJ	图 名	①—⑪、⑪—①立面图	校 核		图纸规格	A2	图纸编号	建施-8
注册师印章编号	1512xx-003			设 计		日 期	2010.10	第 8 张 共 12 张	

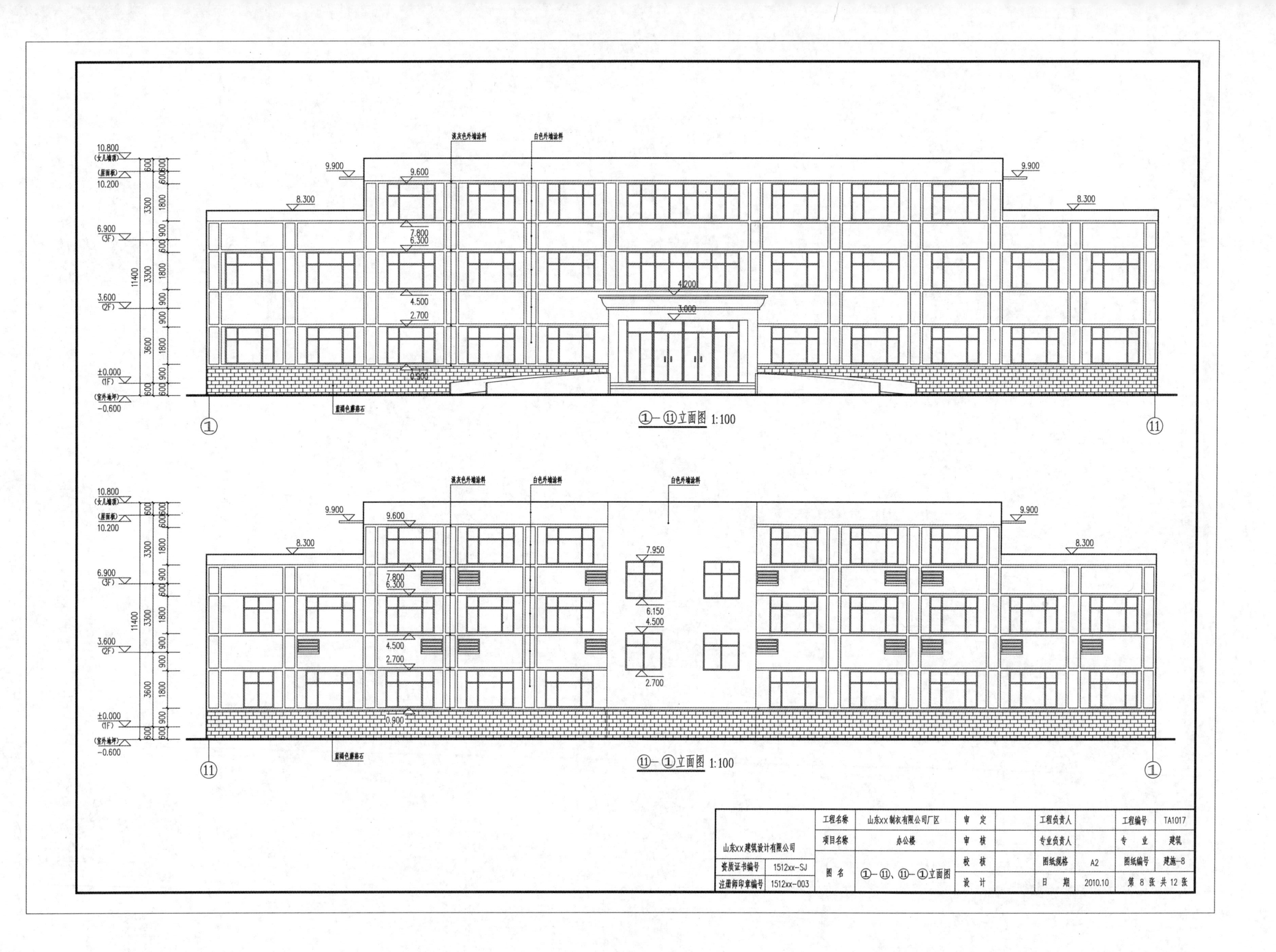

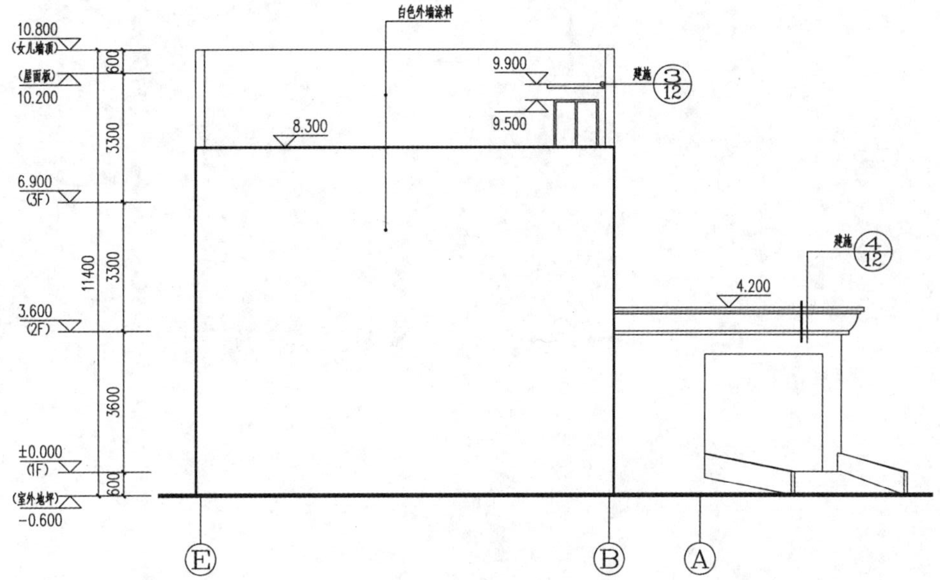

Ⓔ－Ⓐ立面图 1:100

注：Ⓐ－Ⓔ立面图与Ⓔ－Ⓐ立面图完全对称，故不单独绘制。

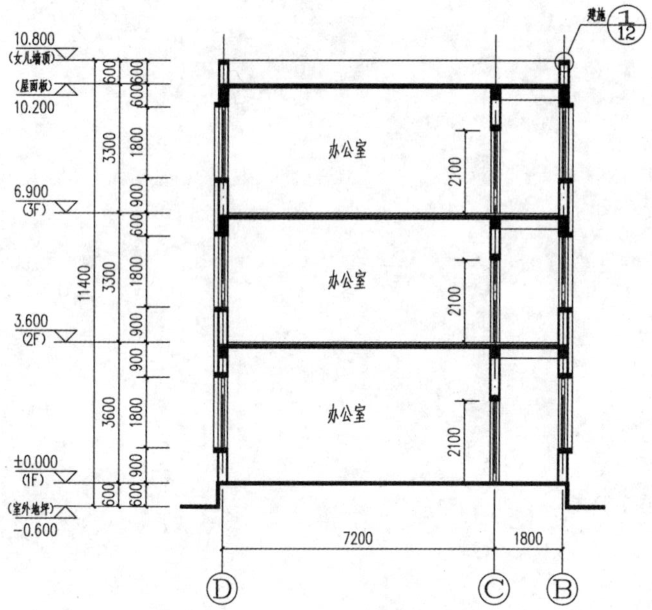

1-1剖面图 1:100

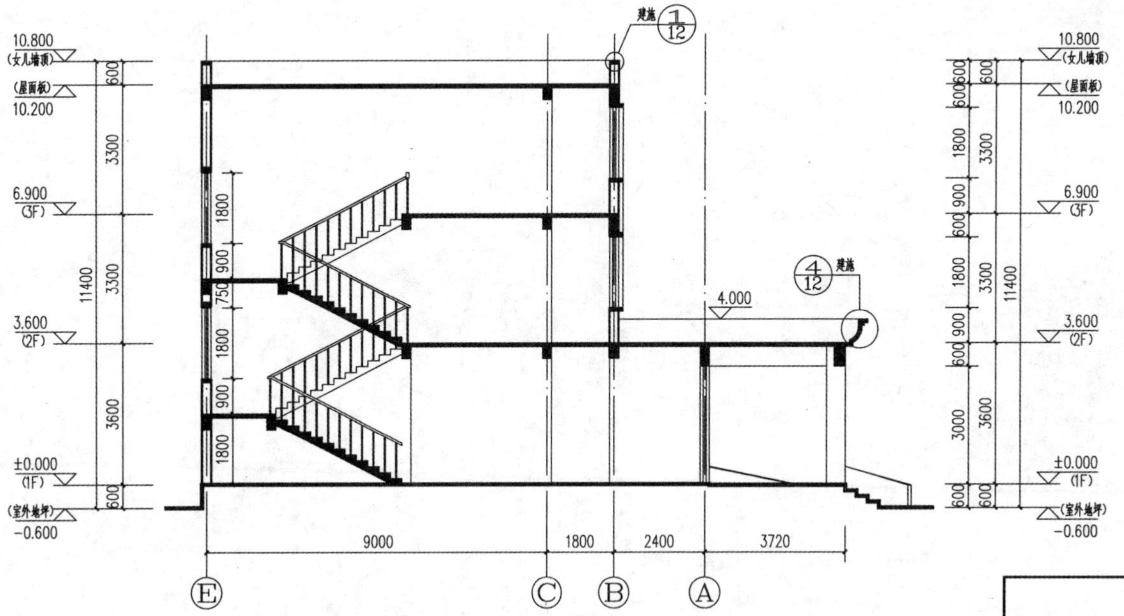

2-2剖面图 1:100

山东xx建筑设计有限公司	工程名称	山东xx制衣有限公司厂区	审 定		工程负责人	工程编号	TA1017
	项目名称	办公楼	审 核		专业负责人	专 业	建筑
资质证书编号 1512xx-SJ	图 名	Ⓔ－Ⓐ立面图 1-1、2-2剖面图	校 核		图纸规格 A2	图纸编号	建施-9
注册师印章编号 1512xx-003			设 计		日 期 2010.10	第 9 张 共 12 张	

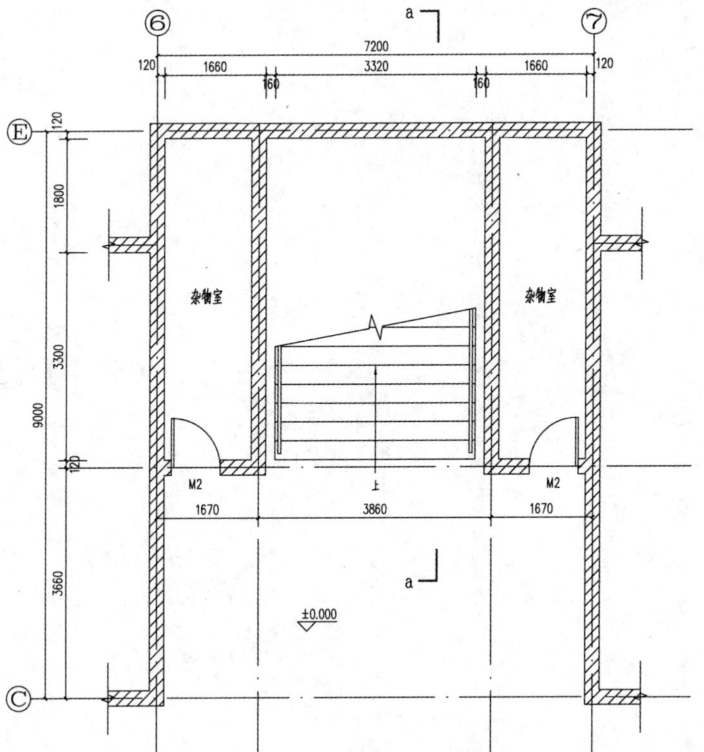

楼梯一层平面图 1:50

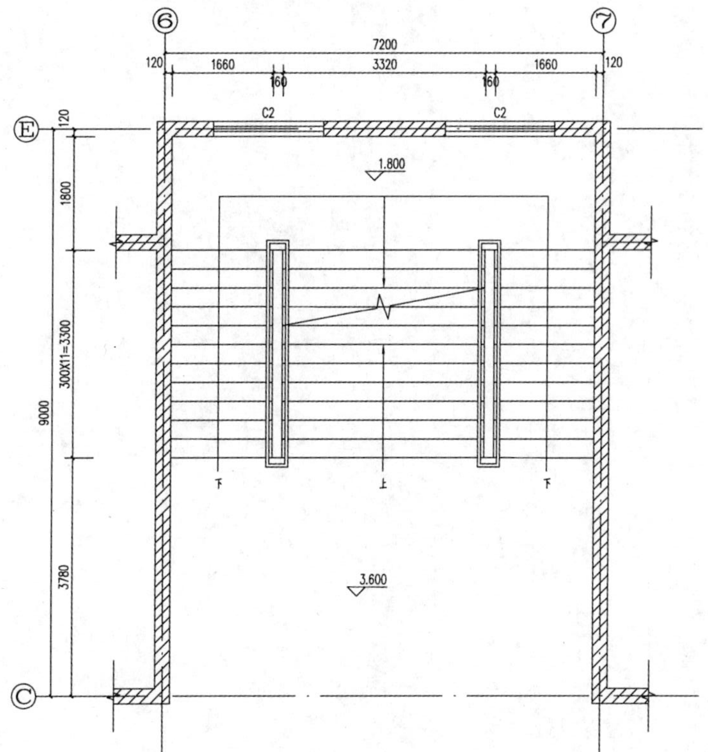

楼梯二层平面图 1:50

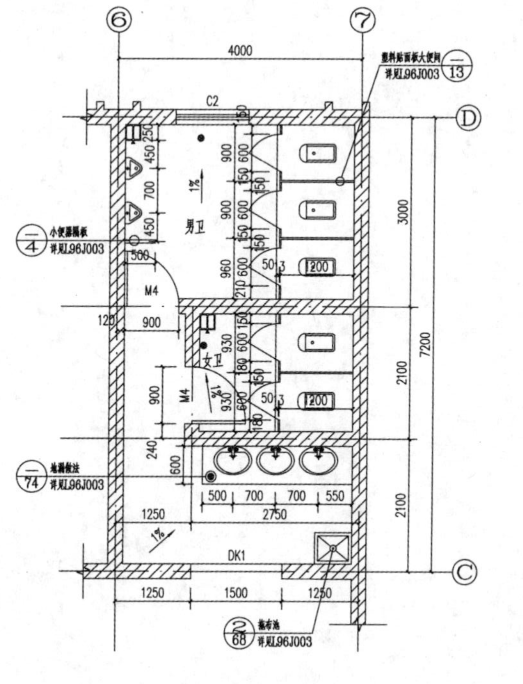

卫生间大样图 1:50

图例

煤矸石多孔砖

钢筋混凝土

山东xx建筑设计有限公司		工程名称	山东xx制衣有限公司厂区	审　定		工程负责人		工程编号	TA1017
		项目名称	办公楼	审　核		专业负责人		专　业	建筑
资质证书编号	1512xx-SJ	图　名	楼梯大样图一	校　核		图纸规格	A2+1/4	图纸编号	建施-10
注册师印章编号	1512xx-003			设　计		日　期	2010.10	第 10 张 共 12 张	

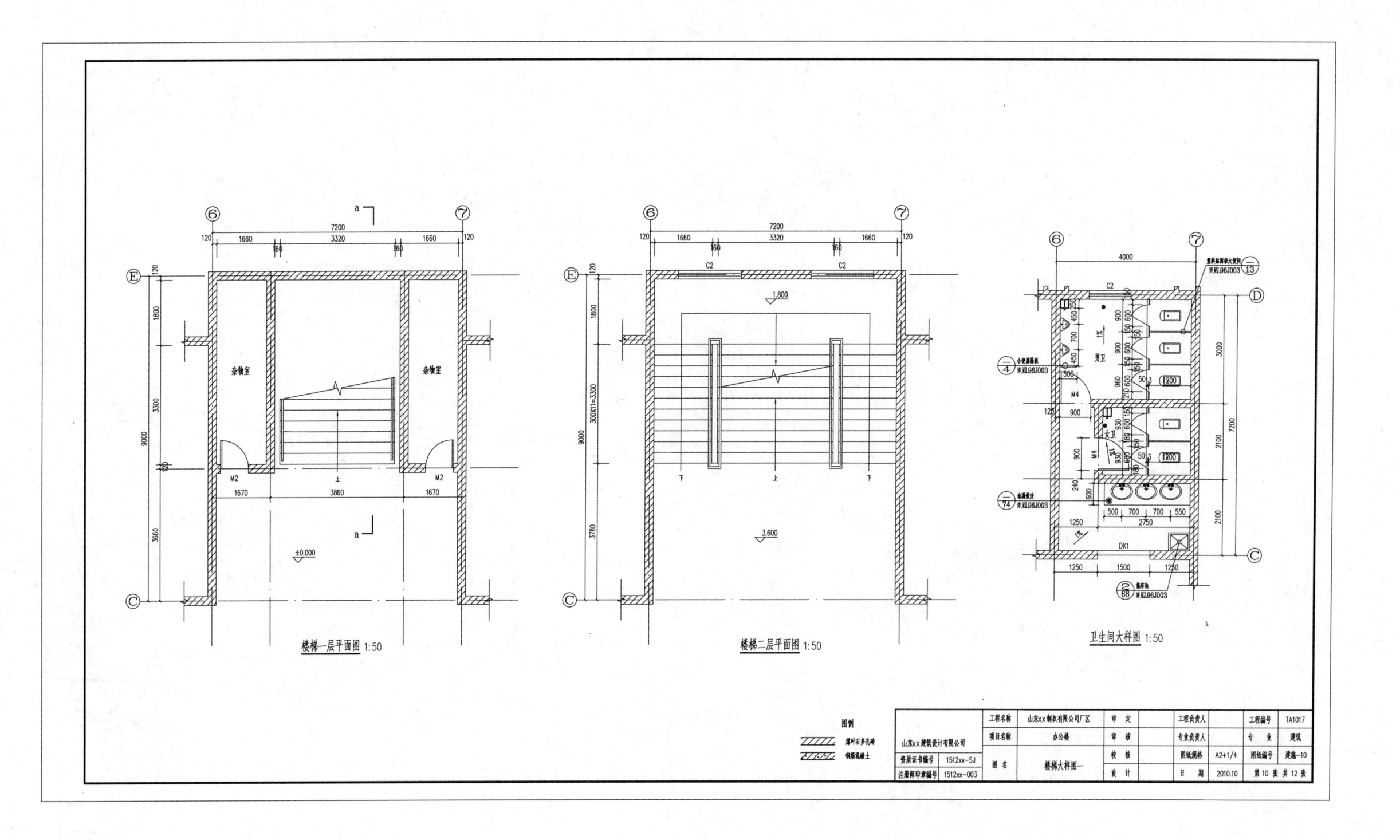

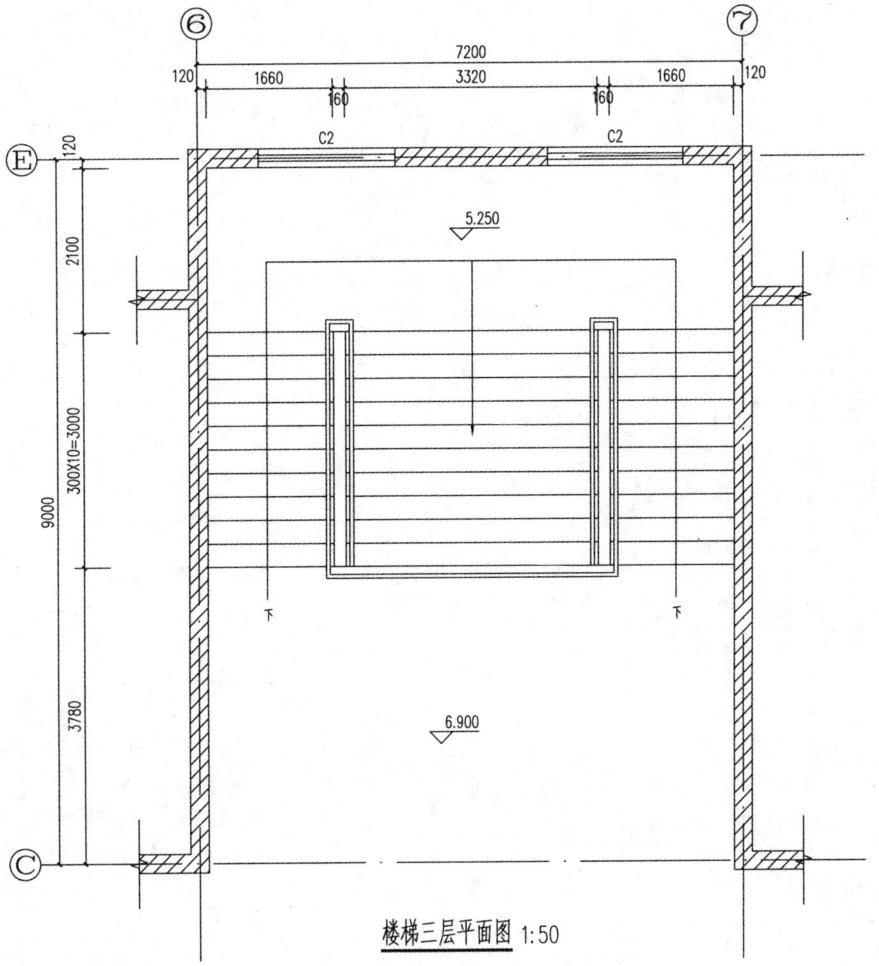

楼梯三层平面图 1:50

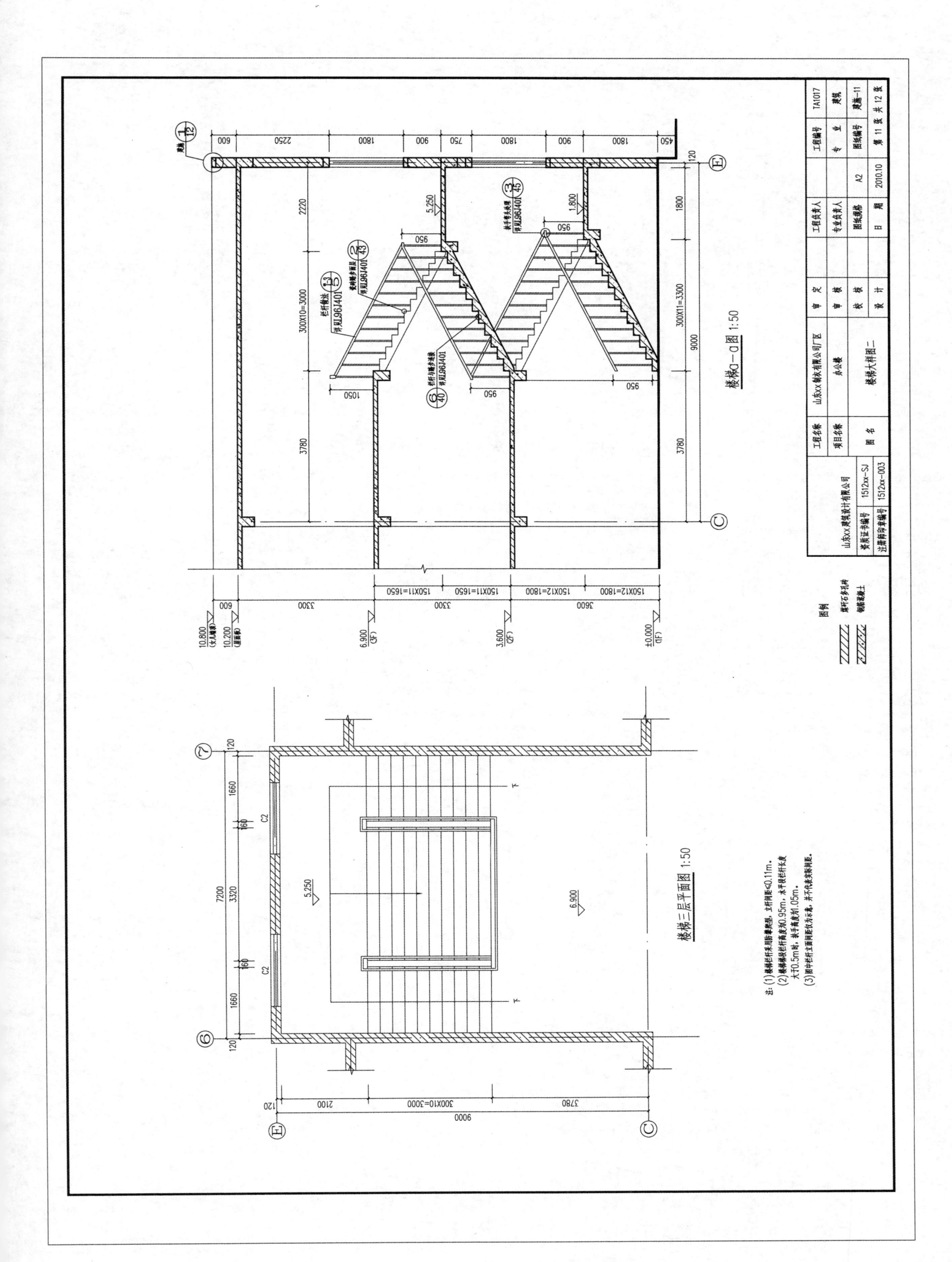

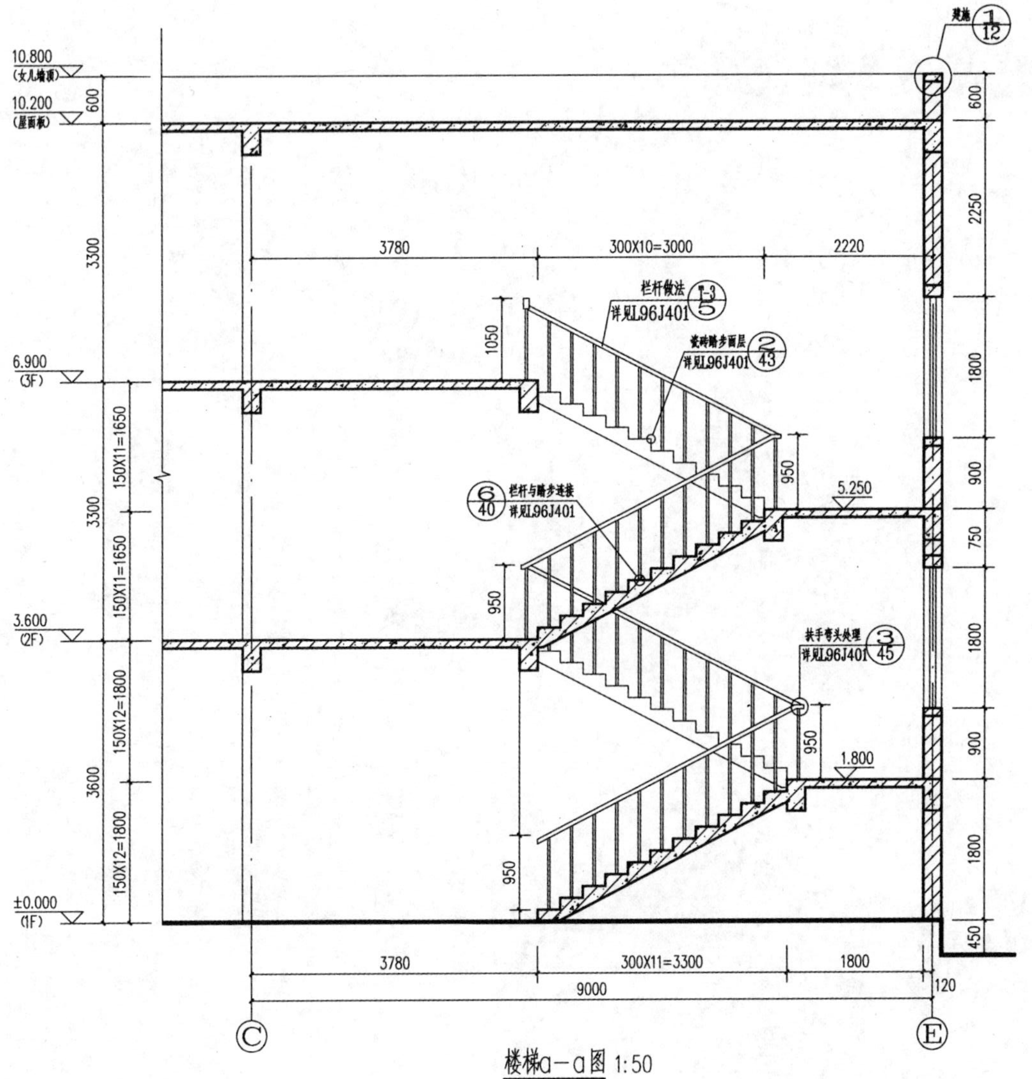

楼梯a—a图 1:50

注：(1)楼梯栏杆采用防攀爬型，立杆间距≤0.11m。
(2)楼梯梯段栏杆高度为0.95m，水平段栏杆长度大于0.5m时，扶手高度为1.05m。
(3)图中栏杆立面间距仅为示意，并不代表实际间距。

图例

煤矸石多孔砖

钢筋混凝土

山东xx建筑设计有限公司		工程名称	山东xx制衣有限公司厂区	审　定		工程负责人	工程编号	TA1017
		项目名称	办公楼	审　核		专业负责人	专　业	建筑
资质证书编号	1512xx-SJ	图　名	楼梯大样图二	校　核		图纸规格　A2	图纸编号	建施-11
注册师印章编号	1512xx-003			设　计		日　期　2010.10	第 11 张 共 12 张	

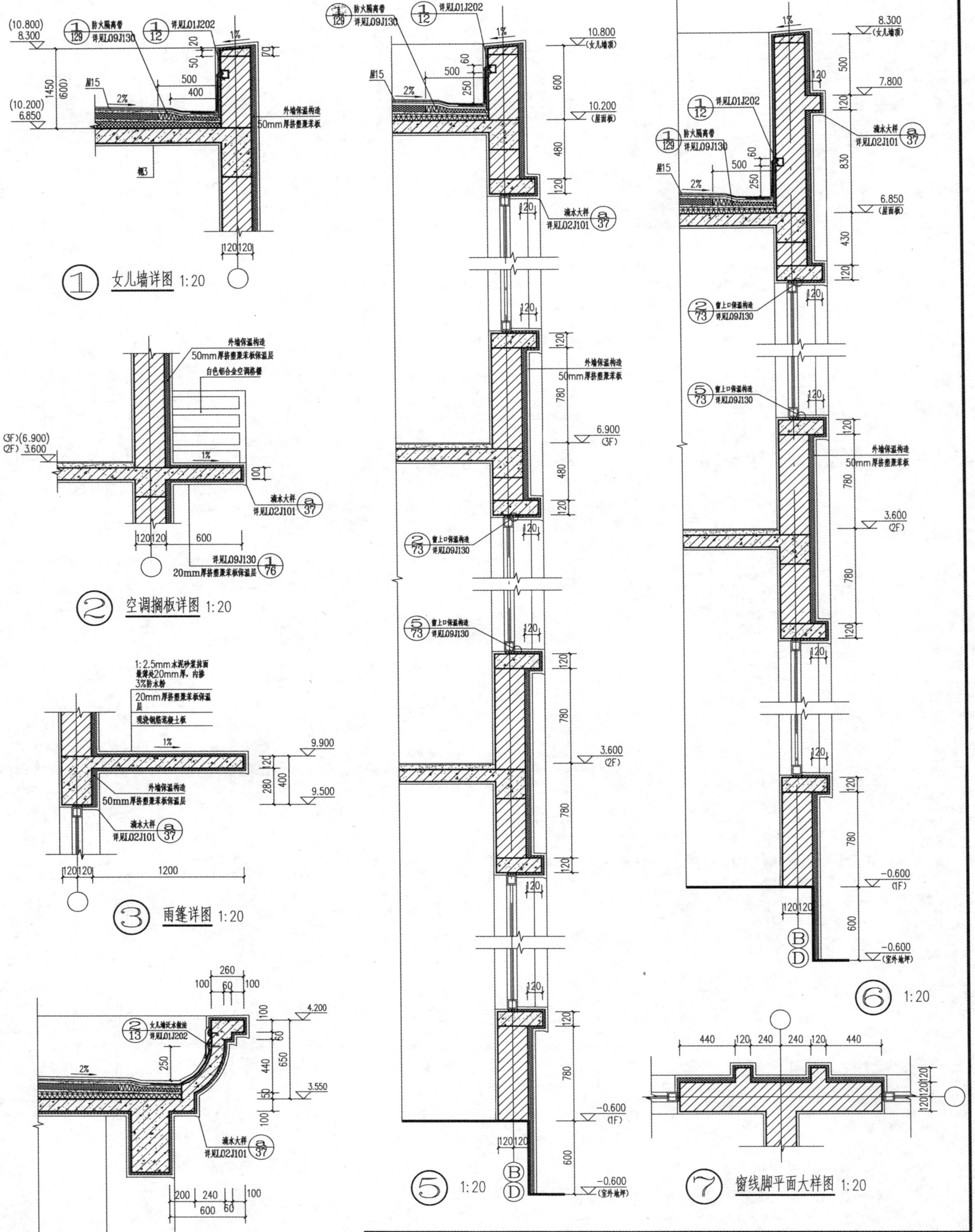

① 女儿墙详图 1:20

② 空调搁板详图 1:20

③ 雨篷详图 1:20

④ 1:20

⑤ 1:20

⑥ 1:20

⑦ 窗线脚平面大样图 1:20

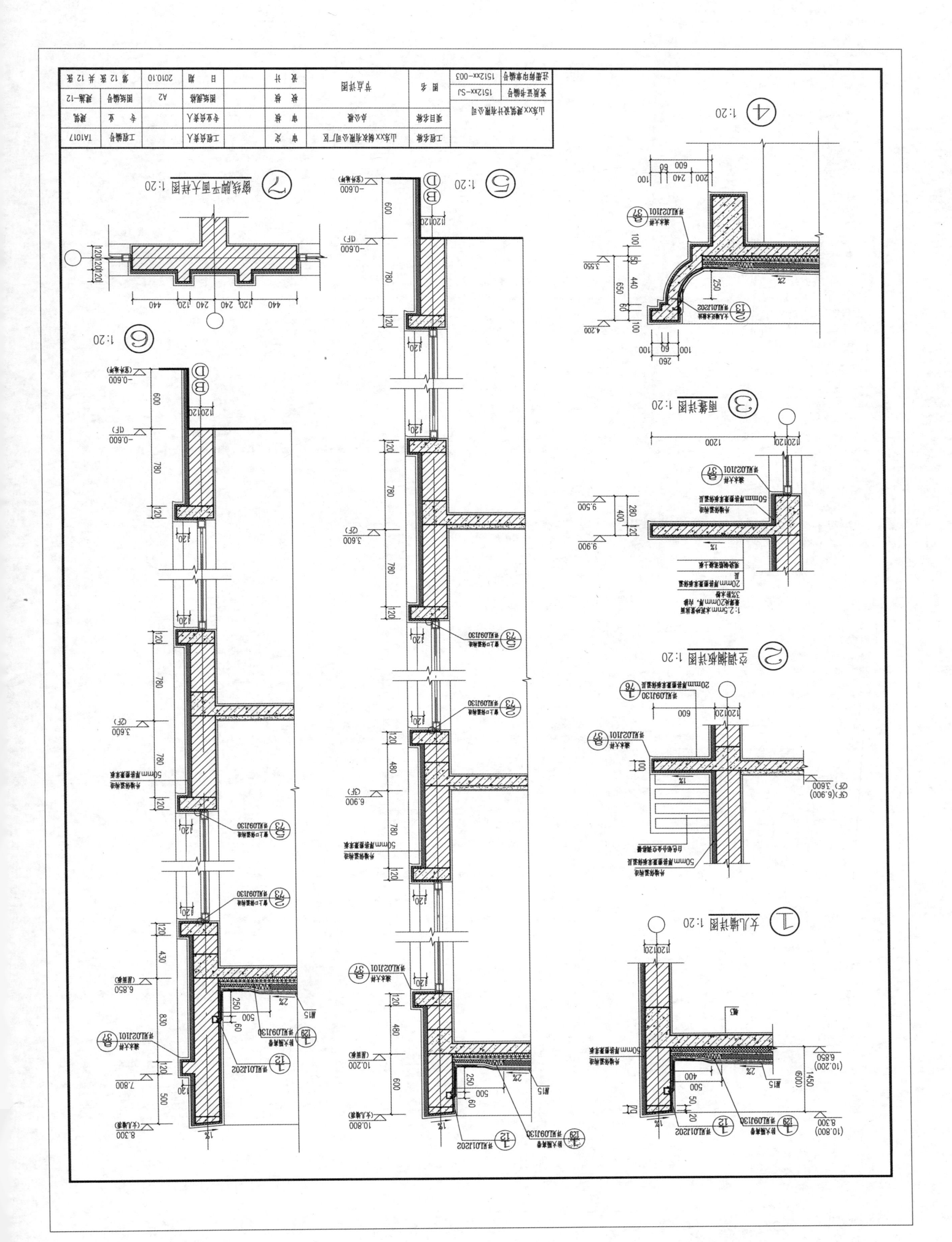

山东xx建筑设计有限公司	工程名称	山东xx制衣有限公司厂区	审 定		工程负责人		工程编号	TA1017
	项目名称	办公楼	审 核		专业负责人		专 业	建筑
资质证书编号 1512xx-SJ	图 名	节点详图	校 核		图纸规格	A2	图纸编号	建施-12
注册师印章编号 1512xx-003			设 计		日 期	2010.10	第 12 张 共 12 张	

项目2 结构施工图

结构设计总说明(一)

一、工程概况

(1)本工程为泰安宏邦制衣有限公司办公楼，结构形式为砖混结构。一层层高3.6m，二、三层层高3.3m。设计相对标高±0.000相当于绝对标高见总图。

(2)本设计的图纸中所标注的尺寸除标高以米为单位外，其余均以毫米为单位。

(3)本工程抗震设防类别为标准设防类，抗震设防烈度为7度第三组，设计基本地震加速度为0.05g，结构安全等级为二级，设计使用年限为50年，最大冻土深度为0.50m。

(4)本工程厨房、卫生间和阳台环境类别为二a类，基础部分为二b类，其余环境类别均为一类。结构混凝土耐久性的基本要求，详见附表2。

(5)各层结构标高详见结构布置图。建筑物耐火等级为二级，详见附表3。

二、设计依据

(1)甲方提供的岩土工程勘察报告《泰安宏邦制衣有限公司厂区岩土工程勘察报告》。

(2)甲方提供的设计要求。

(3)采用如下相关规范：《建筑结构可靠度设计统一标准》(GB 50068-2008)，《建筑工程抗震设防分类标准》(GB 50223-2008)，《建筑结构荷载规范》(GB 50009-2012)，《混凝土结构设计规范》(GB 50010-2010)，《建筑抗震设计规范》(GB 50011-2010)，《建筑地基基础设计规范》(GB 50007-2011)，《砌体结构设计规范》(GB 50003-2011)，《建筑地基处理技术规范》(JGJ 79-2012)。

(4)选用标准图及通用图如下：《钢筋混凝土过梁》(L03G303)，《多层砖房抗震构造详图》(L03G313)，《多孔砖墙体结构构造》(96SG612)。

(5)建筑物楼面均布活荷载标准值及准永久值系数详见表1。

表1 建筑物楼面均布活荷载标准值及准永久值系数

类别	客厅、卧室	厨房	卫生间	阳台	楼梯	屋面(不上人)
标准值/(kN/m²)	2.0	2.0	2.0	2.5	3.5	0.5
准永久值系数	0.4	0.5	0.4	0.5	0.4	0

本工程基本风压按0.40kN/m² 取用，地面粗糙度按B类取用，雪压按0.35kN/m²。

三、基础部分

(1)基槽要全部挖至持力层，当采用机械挖土时，应先挖至设计基底标高以上30~50cm，然后人工挖至设计标高第1层中细砂作为持力层，地基承载力特征值 f_{ak}=120kPa。基础设计等级为丙级，建筑场地类别为Ⅱ类。土层岩性及物理性质详见表2。

表2 土层岩性及物理性质

层号	土层名称	承载力特征值f_{ka}/kPa	压缩模量E_s/MPa	变形模量E_0/GPa
1层	粉质黏土	120	6.15	
2层	粉质黏土	180	4.36	

(2)基槽开挖完毕后要全部钎探，并经有关人员验槽后方可进行基础施工，遇洞穴及其他情况时应另行处理。

(3)基槽开挖后应防止暴晒、浸水和受冻，槽内如有积水应立即清除。

(4)在施工及使用过程中严禁水侵入基槽，做好场区的排水工作。

(5)基础结构材料包括：C30混凝土；C15混凝土垫层；M10水泥砂浆 MU5砖，标高±0.00以下采用MU10承重煤矸石实心砖；HPB300钢筋(ф)；HRB335钢筋(ф)。

(6)基础混凝土构件保护层：圈梁为30mm；混凝土基础为50mm。

(7)地基与基础工程的施工应遵照《建筑地基基础工程施工质量验收规范》(GB 50202-2002)等有关规定施工。

四、上部结构

(1)构造柱配筋及截面尺寸均见基础图。构造柱位于圈梁上下各500mm范围内箍筋加密为ф6@100。

(2)构造柱与砖墙拉接做法见L03G313第11页；构造柱生根于砼条基内，详图参见L03G313第10页中详图2。

(3)抗震构造做法见L03G313第29页。

(4)屋面女儿墙增设构造短柱及压顶做法见L03G313第33页，平面位置见建施。

(5)本工程除顶层外每层沿墙均设置圈梁QL1用于240mm墙(120mm墙除外)，圈梁大样详见附图。顶层内外墙除特别注明之外，均沿屋面板下设QL1。

(6)圈梁转角加筋见L03G313第24页，洞口及不同标高处圈梁搭接做法见L03G313第20页。

(7)构造柱遇门洞洞边墙不大于240mm时，用同标号的混凝土补齐。

(8)上部结构材料包括：C25混凝土；MU10煤矸石烧结实心砖；储藏室120mm厚填充墙体采用煤矸石烧结实心砖；240mm厚填充墙采用空心砖；厨房120mm填充墙厚采用GRC轻质隔板砌筑砂浆；一层、二层采用M10.0混合砂浆；其他层为M7.5混合砂浆；HPB300钢筋(ф)，HRB335钢筋(ф)，HRB400钢筋(ф)。

(9)混凝土保护层厚度：梁、柱为30mm；板为20mm。钢筋锚固和搭接长度分别见图集04G101-4第22、23页。

(10)本工程现浇板未注明的分布筋均为ф6@200。

(11)为减少墙体出现裂缝采取以下措施：①顶层两侧山墙和第一开间内、外墙圈梁下每隔两皮砖加2ф6钢筋砌入灰缝，共加三道；②顶层挑梁末端下墙体灰缝内设置2ф6钢筋三道，钢筋应自挑梁末端伸入两边墙体1.1m；③在底层的窗台下墙体灰缝内设置3道两根ф6钢筋，通长设置。

(12)短边长度大于等于3.9m的板需按山东省标准图集L03G323第47页中设构造钢筋焊接网片。

(13)在施工中，当需要以强度等级较高的钢筋代替原设计中的纵向受力钢筋时，应按钢筋受拉承载力设计值相等的原则进行换算，并应满足最小配筋率、抗裂验算等要求。

(14)楼梯间抗震措施：顶层楼梯间横墙和外墙应沿墙高每隔500mm设2ф6通长钢筋。

山东xx建筑设计有限公司		工程名称	泰安宏邦制衣有限公司厂区	设计阶段	施工图	专业	结构	工程编号	
		项目名称	办公楼	院长		工程负责人		图号	01
资质证书编号	A13700xx	图名	结构设计总说明(一)	审定		校核		日期	
注册师印章编号	15x-S003			审核		设计		第01张 共08张	

结构设计总说明（二）

五、其他

(1) 本设计中未注明的构造墙体厚度均为240mm，未注明的轴线均通过墙体的中心。

(2) 门窗过梁除特殊注明外，选用03G303中同跨同跨的钢筋混凝土过梁，当按2级荷载选用。过梁与其他梁（如圈梁或框架梁）相连时一起浇筑，圈梁标高有合适要求时圈梁通过梁配筋处搭临圈梁的配筋和圈梁中的配筋应加大。

(3) 本设计与其他专业如建筑、水道、电气、暖通等专业图纸施工。

(4) 本设计中未具体事宜严格按现行的规范及规程施工。

(5) 本工程计算软件采用中国建筑科学研究院开发的PKPM、MCAD、JCCAD软件。

(6) 未尽事宜，应满足现行有关建筑工程施工质量验收规范、规程的要求。

圈梁通洞口大样图

注：
① 当洞口两侧A≤600时，表示=洞口之外+梁复核。
② 当距口距h≤250时的洞口，当h≥25吨，B≤h时复核，H消梁核。

洞口宽L	①
L<1500	3Φ12
1500≤L≤2700	3Φ14

楼板300<b≤1000矩形孔洞钢筋加固

注：楼板开洞宽度或洞口直径不小于300时，多力钢筋按被孔洞。不另设补强筋，详见洞果见04G101-4第35页。

挑檐转角放射筋布置图 1:50

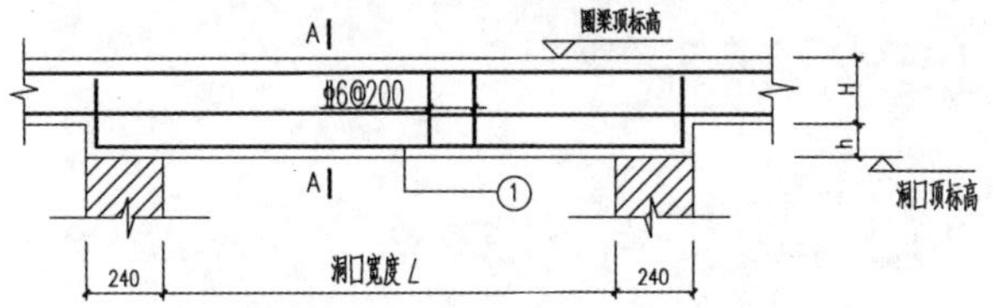

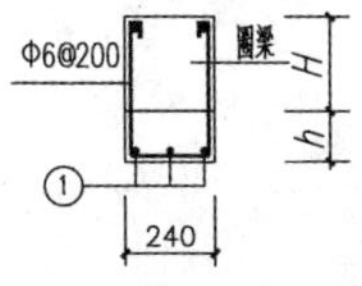

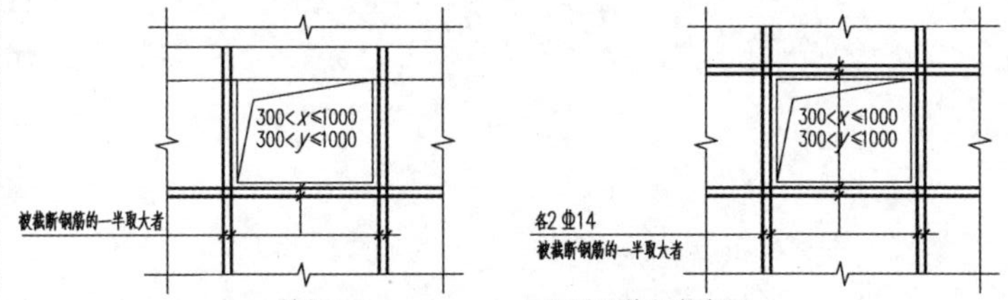

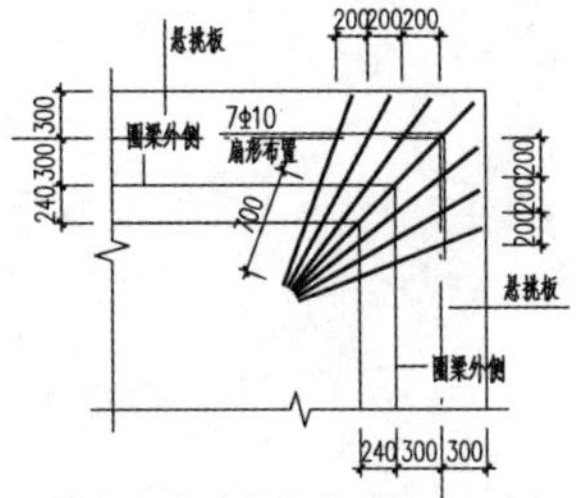

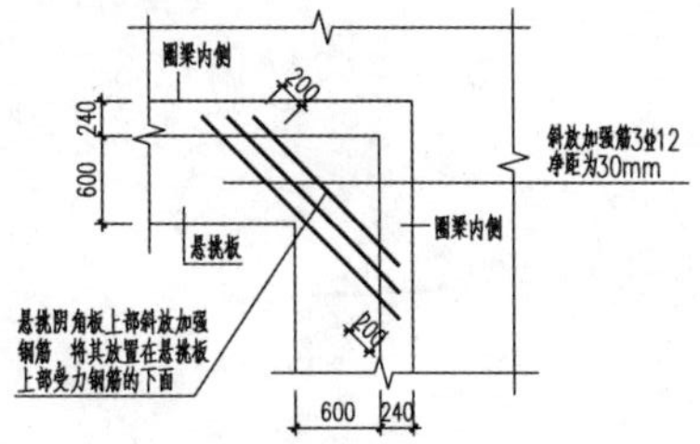

条形基础大样

附表1 受力钢筋的混凝土最小保护层厚度（mm）

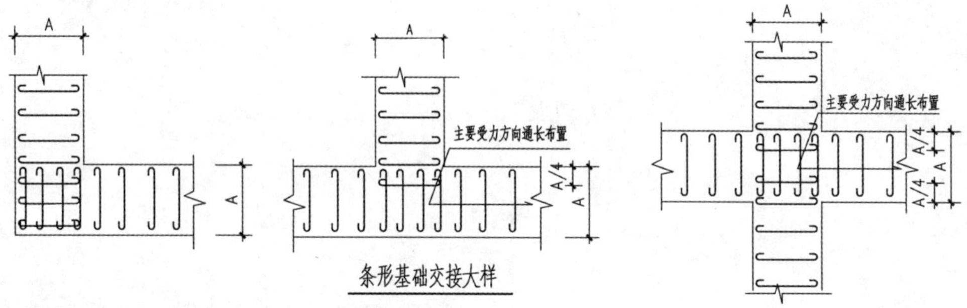

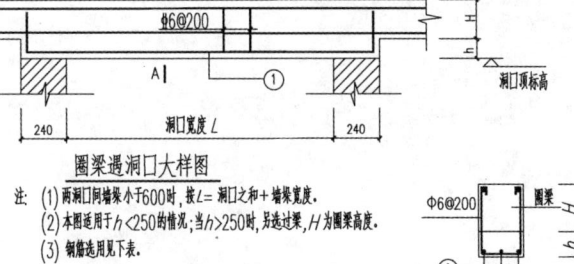

环境条件	构件类别	C25
室内正常环境	板/墙	15
	梁/柱	25/30
露天及与土接触部份	板/墙	20
	梁/柱	30/30
露天及与土接触部份		25/35

附表2 结构混凝土耐久性的基本要求

环境类别	最大水灰比	最小水泥用量(kg/m³)	最低混凝土强度等级	最大氯离子含量(%)	最大碱含量
一	0.65	225	C20	1.0	不限制
二 a	0.60	250	C25	0.2	3.0
二 b	0.55	275	C30	0.3	3.0
三	0.50	300	C30	0.1	3.0

附表3 构件的耐火等级和耐火极限

耐火等级	构件名称	构件性质	材料名称	耐火极限
一级	非承重墙		粉煤灰烧结砖	2.5h
	亚粘土		粉煤灰空心砖	1.0h 不燃烧体
	梁			1.0h 不燃烧体
	柱		钢筋混凝土	1.5h
				2.5h

坡屋面板折角处配筋示意图

板悬挑阴角附加筋 1:50

上图中标注现浇板钢筋长度表示如下：

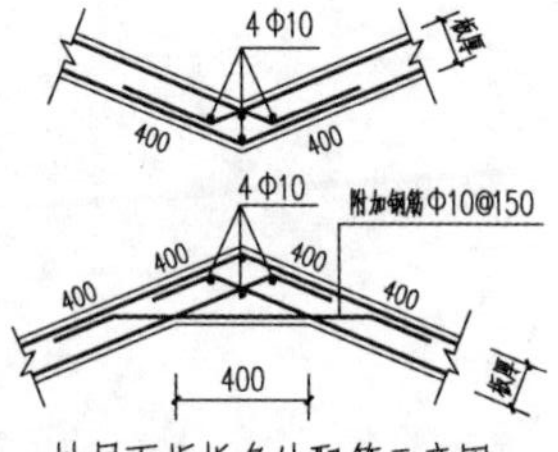

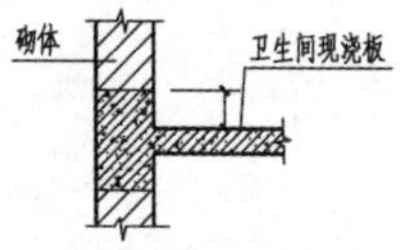

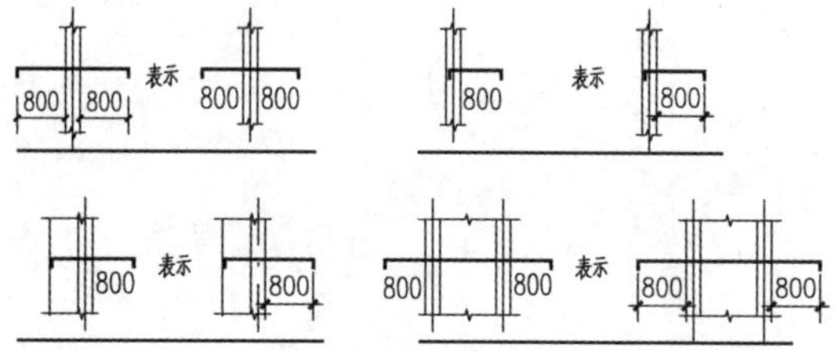

厨房、卫生间四周垫浇详图

山东××建筑设计有限公司	工程名称	泰安某制衣有限公司厂区	设计阶段		专业负责人		工程编号
	项目名称	办公楼	院长		校核		A1370Dxx
资质证书编号 15x-B003	图 名	结构设计总说明（二）	审定		设计		图 号 02
注册师章编号			审核		日期		共2张 共8张

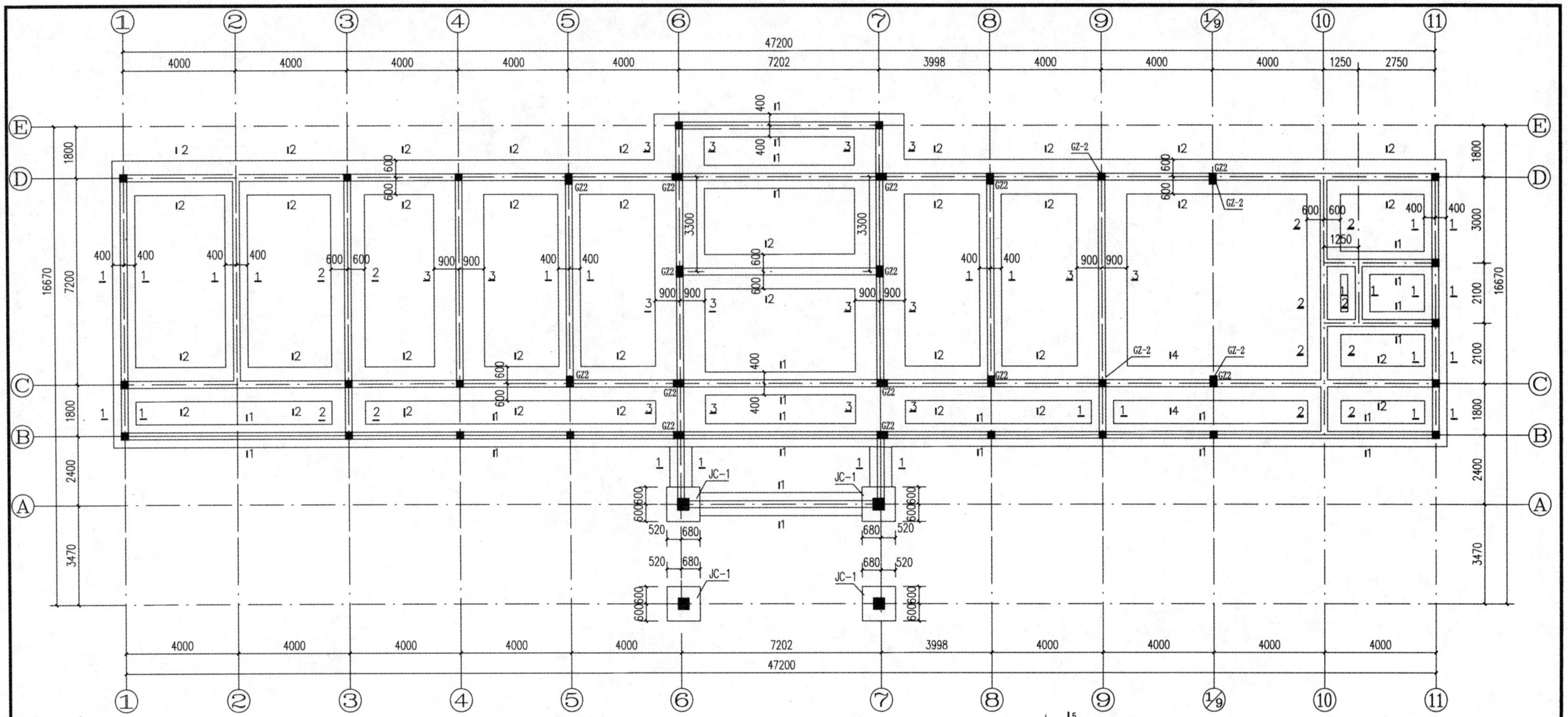

基础结构平面图 1:100

注：(1)墙体厚度皆为240mm且未标注墙体中心线与轴线重合，
未标注构造柱均为GZ-1。
(2)标高-0.050以下墙体两侧双面抹20mm厚的1:2防水砂浆。

基础断面号	基础尺寸				基础配筋	
	A	B/2	h1	h2	ASx	ASy
1-1	240	400	200	100	Φ8@130	Φ8@200
2-2	240	300	200	100	Φ8@130	Φ8@200
3-3	240	450	200	100	Φ8@110	Φ8@200

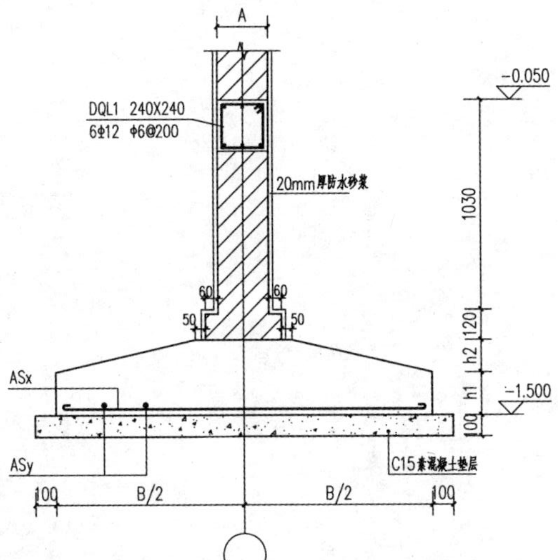

条形基础

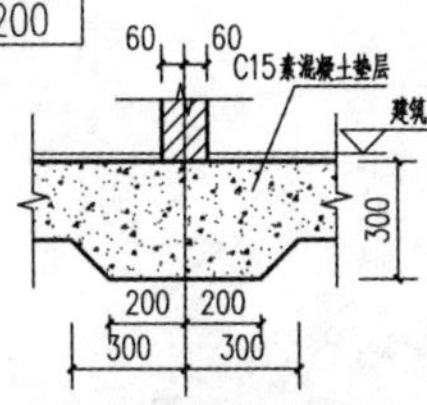

120隔墙基础

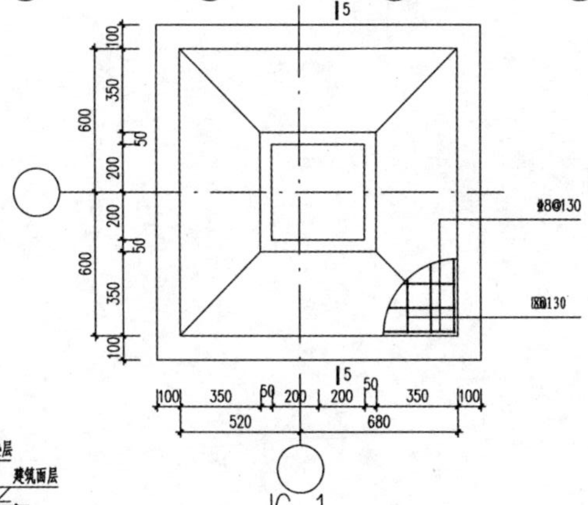

JC-1

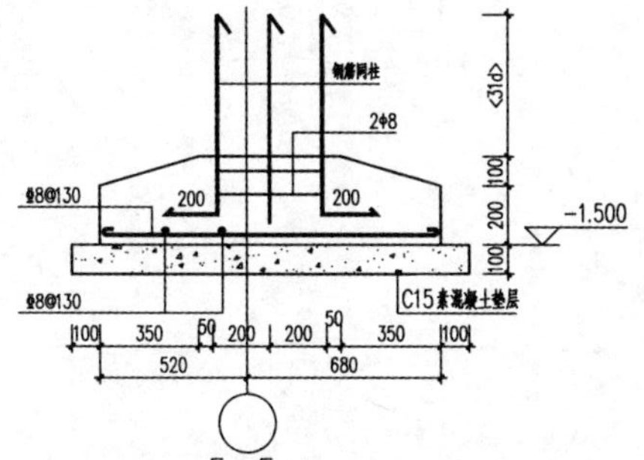

5-5

山东xx建筑设计有限公司	工程名称	泰安宏邦制衣有限公司厂区	设计阶段	施工图	专业	结构	工程编号	TA1020-1
	项目名称	办公楼	院长		工程负责人		图号	03
资质证书编号 A13700xx	图名	基础结构平面图	审定		校核		日期	2010年10月
注册师印章编号 15x-S003			审核		设计		第03张 共08张	

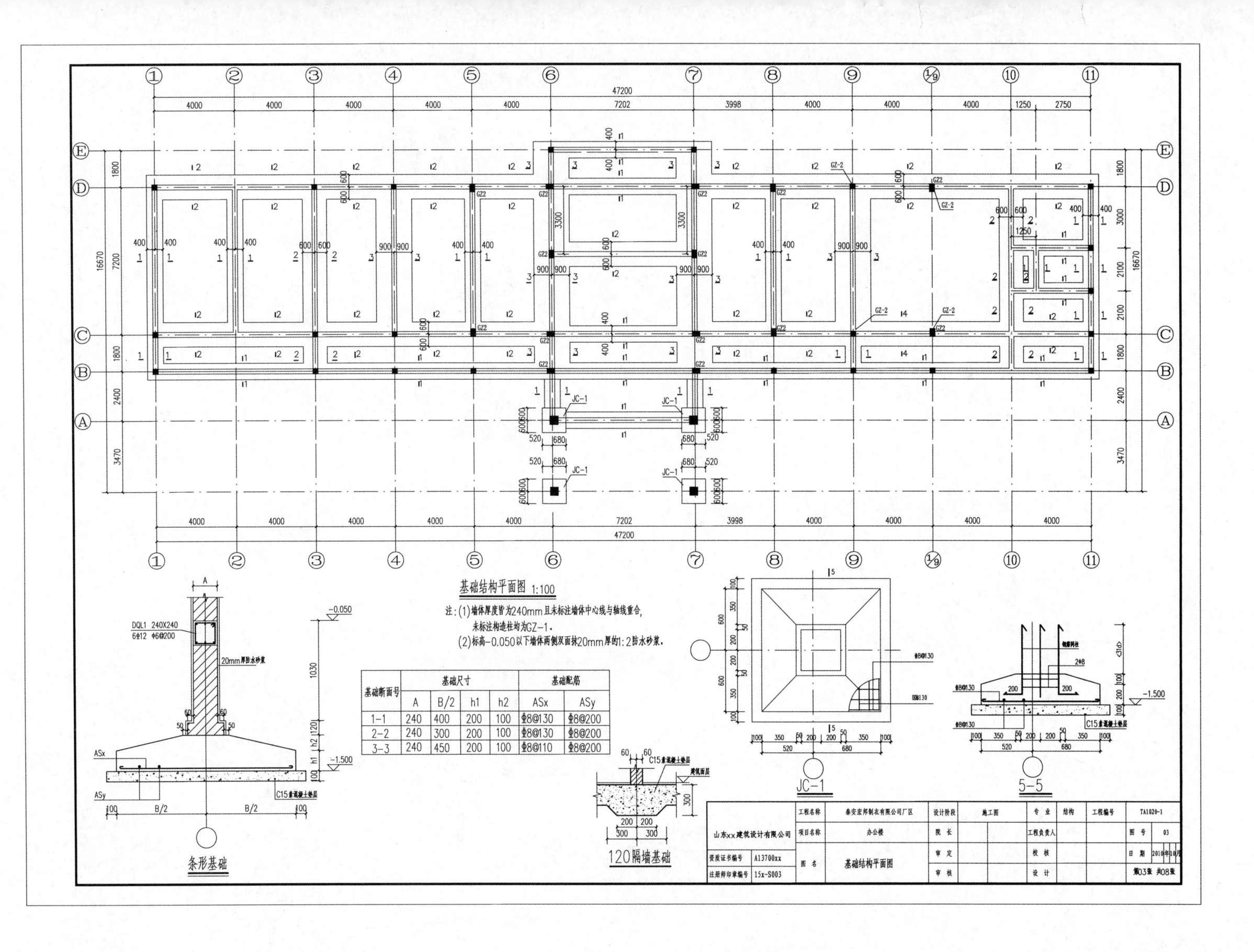

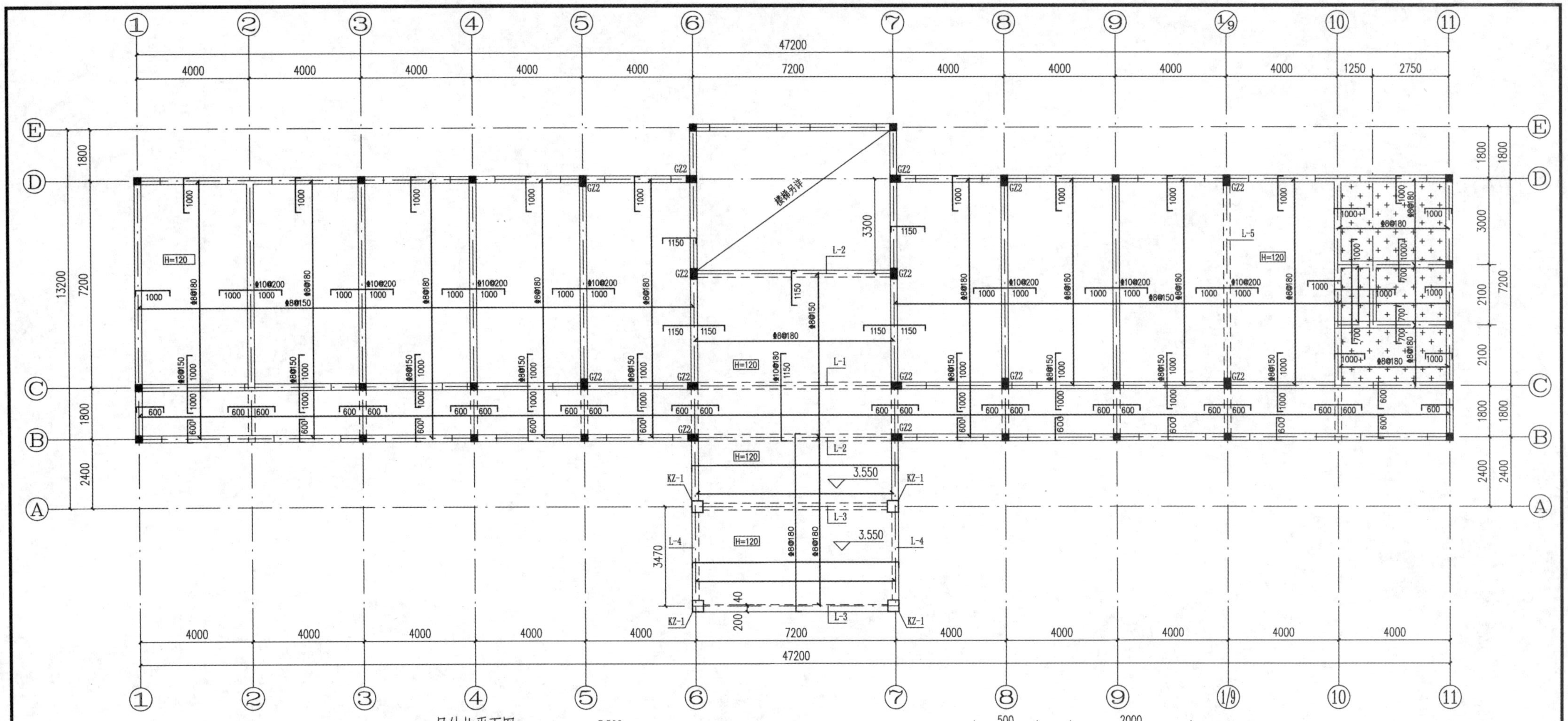

一层结构平面图 1:100

注：(1)未注明板厚为120mm，填充 [∵∵] 的板结构标高降40mm。
(2)未注明构造柱均为GZ-1，角部所有构造柱角部所有构造柱纵筋改为Φ14。
(3)承重墙均为240mm厚，轴线居墙中，涂色处为QL。
(4)未标注钢筋均为Φ8@200。

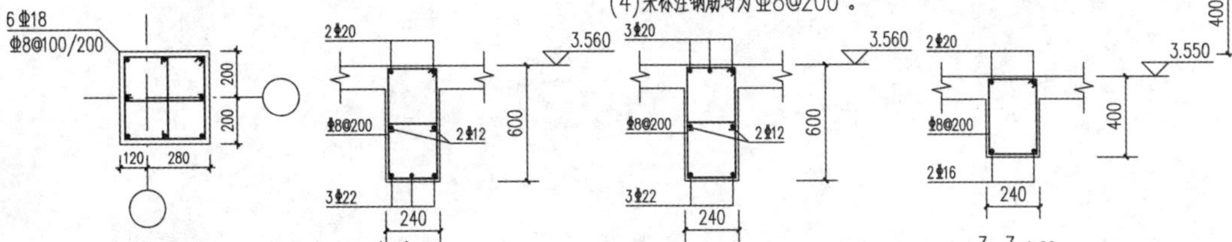

KZ-1 1:30　1-1 1:20　2-2 1:20　3-3 1:20

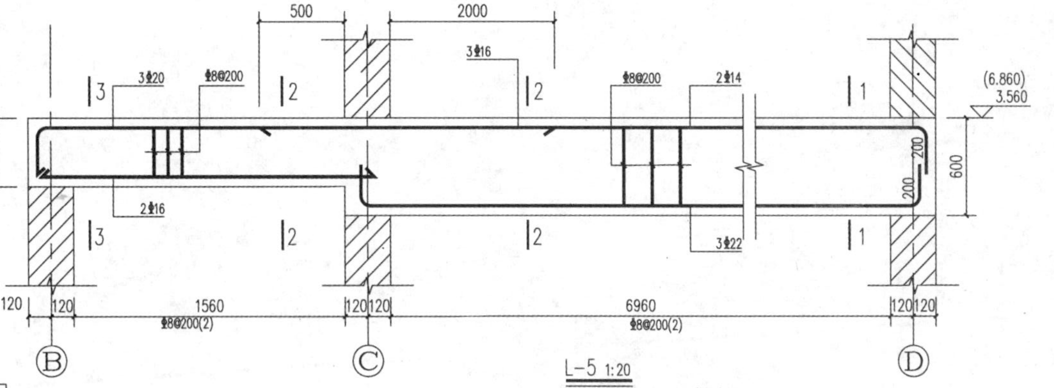

L-5 1:20

注：梁端弯锚15d（d为钢筋直径）。

一层梁表

编号	BXH	①号钢筋	②号钢筋	③号钢筋	④号钢筋	梁总长/mm	跨数	梁顶标高/m	备注
L-1	240X600	2Φ12	3Φ22	2Φ12	Φ8@200(2)	7440	1	同楼板	简支梁
L-2	240X600	2Φ12	5Φ22 2/3	4Φ12	Φ8@200(2)	7440	1	同楼板	简支梁
L-3	240X600	2Φ16	3Φ18	2Φ12	Φ8@100/200(2)	7440	1	同楼板	框架梁
L-4	240X600	2Φ14	2Φ18	2Φ12	Φ8@100/200(2)	3880	1	同楼板	框架梁

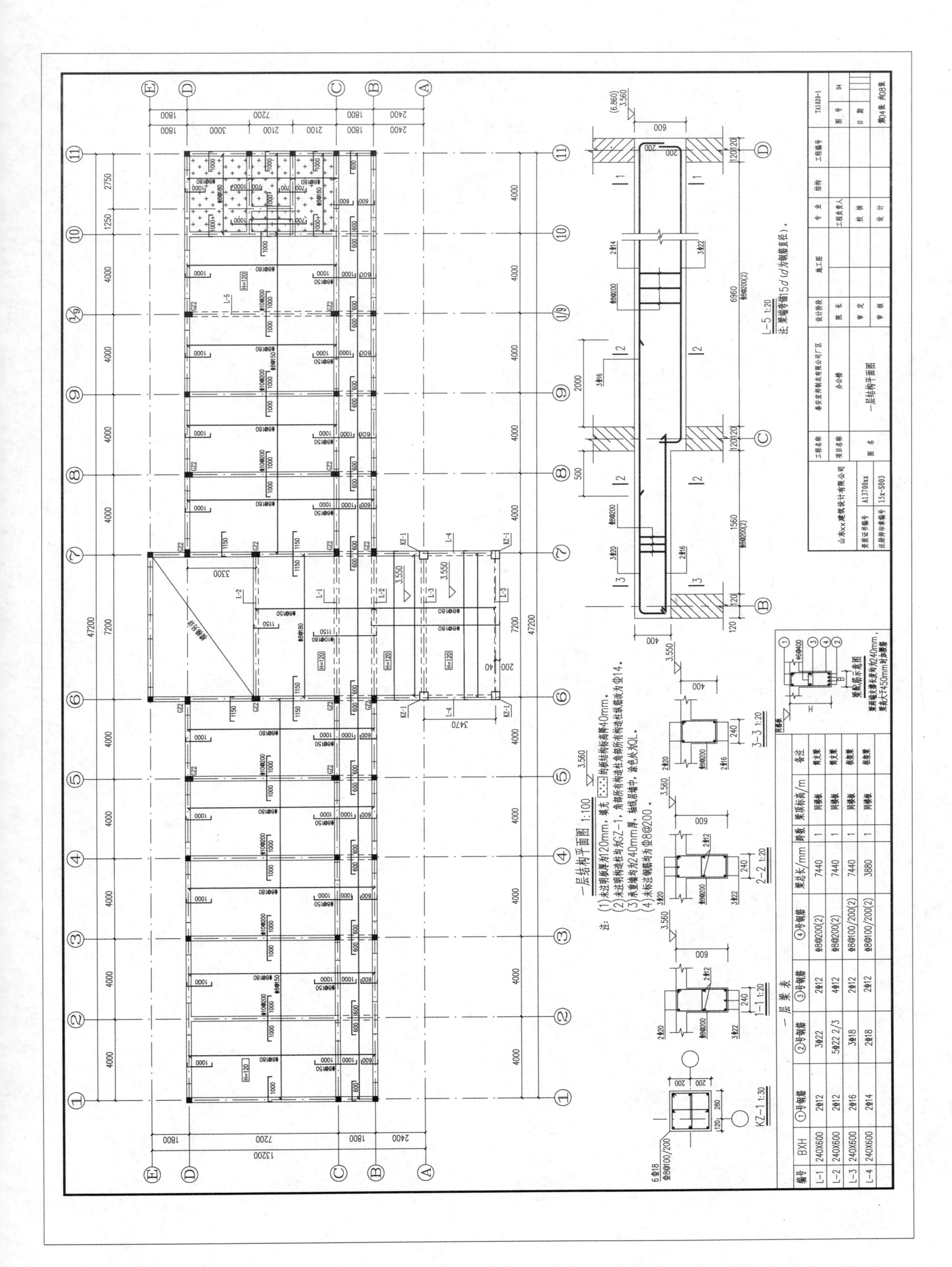

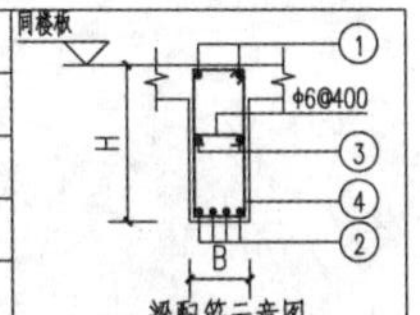

梁配筋示意图

梁两端支撑长度均为240mm，梁高大于450mm时加腰筋

山东xx建筑设计有限公司	工程名称	泰安宏邦制衣有限公司厂区	设计阶段	施工图	专业	结构
	项目名称	办公楼	院长		工程负责人	
资质证书编号 A13700xx	图名	一层结构平面图	审定		校核	
注册师印章编号 15x-S003			审核		设计	
工程编号	TA1020-1	图号	04	日期		第04张 共08张

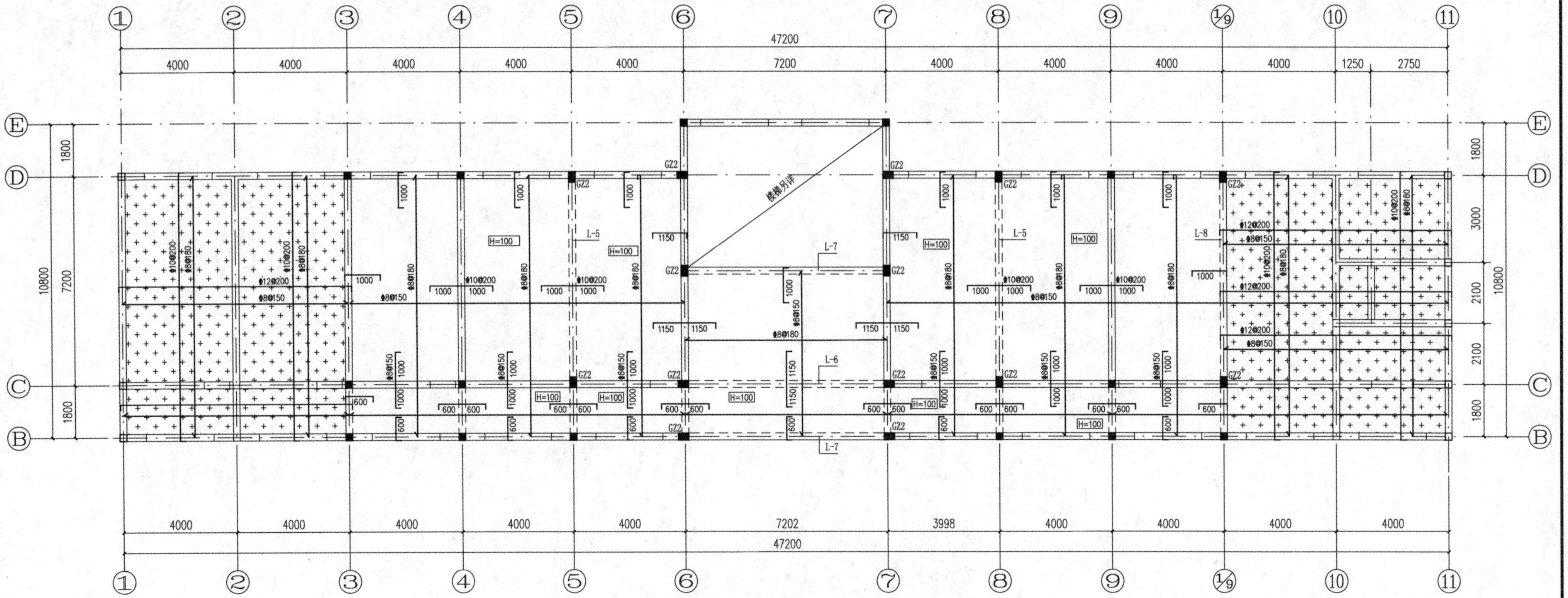

二层结构平面图 1:100　6.860

注：(1)未注明板厚为120mm，填充 [图例] 的板结构标高降40mm。
(2)未注明构造柱均为GZ-1，角部所有构造柱角部所有构造柱纵筋改为Φ14。
(3)承重墙均为240mm厚，轴线居墙中，涂色处为QL。
(4)未标注钢筋均为Φ8@200。

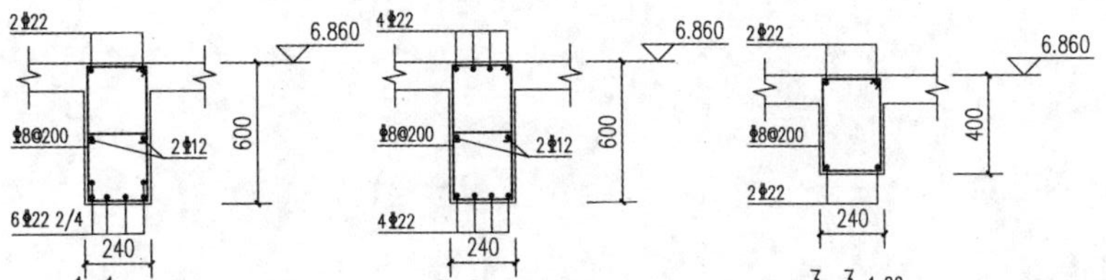

1-1 1:20　2-2 1:20　3-3 1:20

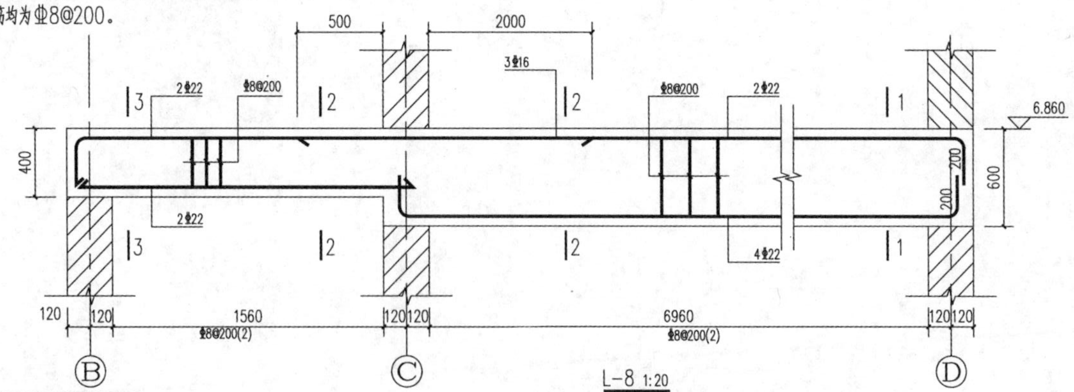

L-8 1:20

注 梁端弯锚15d（d为钢筋直径）。

二层梁表

编号	BXH	①号钢筋	②号钢筋	③号钢筋	④号钢筋	梁总长/mm	跨数	梁顶标高/m	备注
L-6	240X600	2Φ12	3Φ22	2Φ12	Φ8@200(2)	7440	1	同楼板	简支梁
L-7	240X600	2Φ12	5Φ22 2/3	2Φ12	Φ8@200(2)	7440	1	同楼板	简支梁

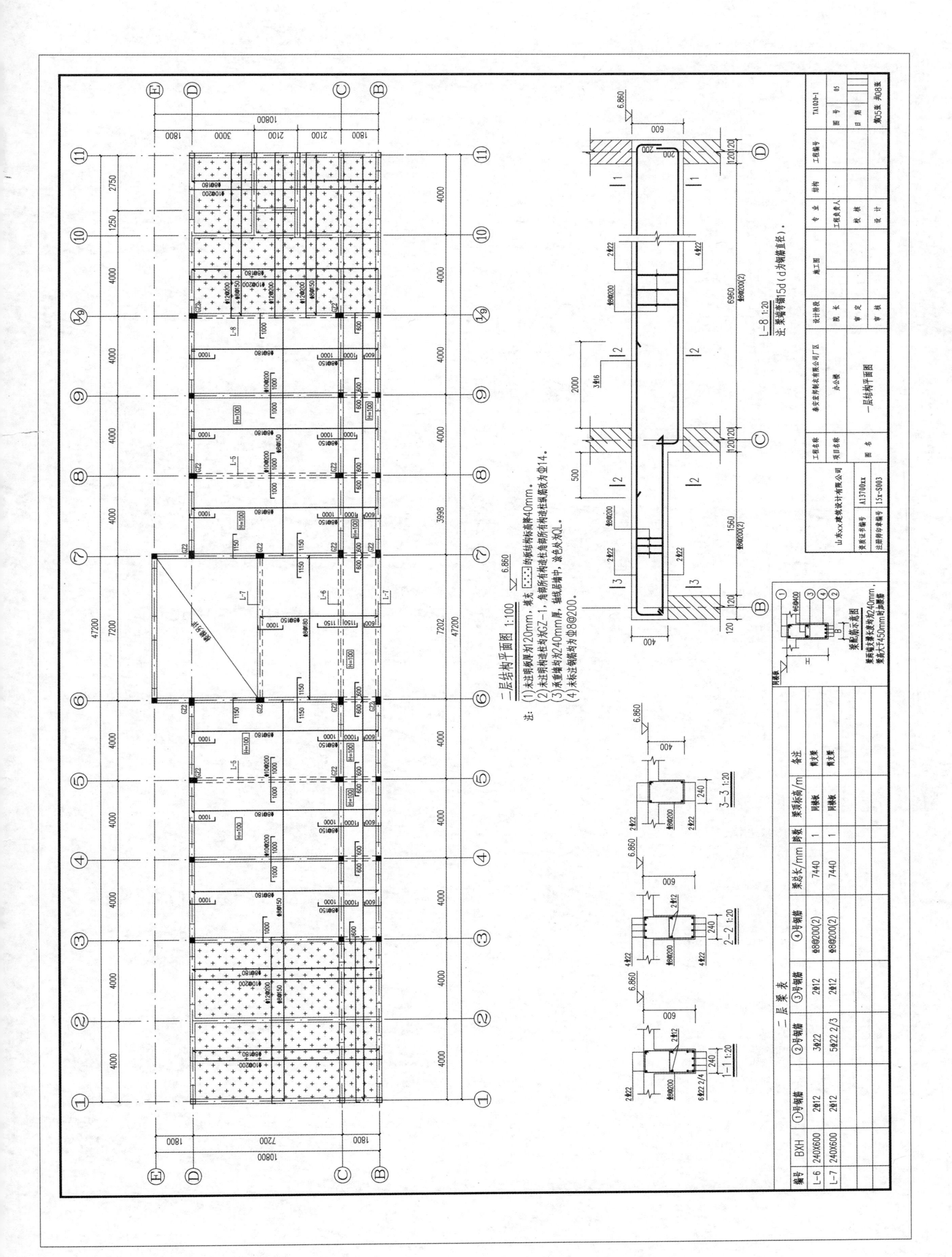

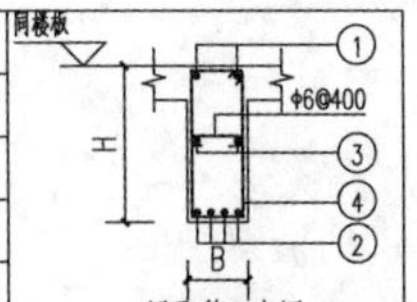

梁配筋示意图

梁两端支撑长度均为240mm，梁高大于450mm时加腰筋

山东xx建筑设计有限公司	工程名称	泰安宏邦制衣有限公司厂区	设计阶段	施工图	专业	结构	工程编号	TA1020-1	
	项目名称	办公楼	院长		工程负责人			图号	05
资质证书编号	A13700xx	图名	审定		校核			日期	
注册师印章编号	15x-S003	一层结构平面图	审核		设计			第05张 共08张	

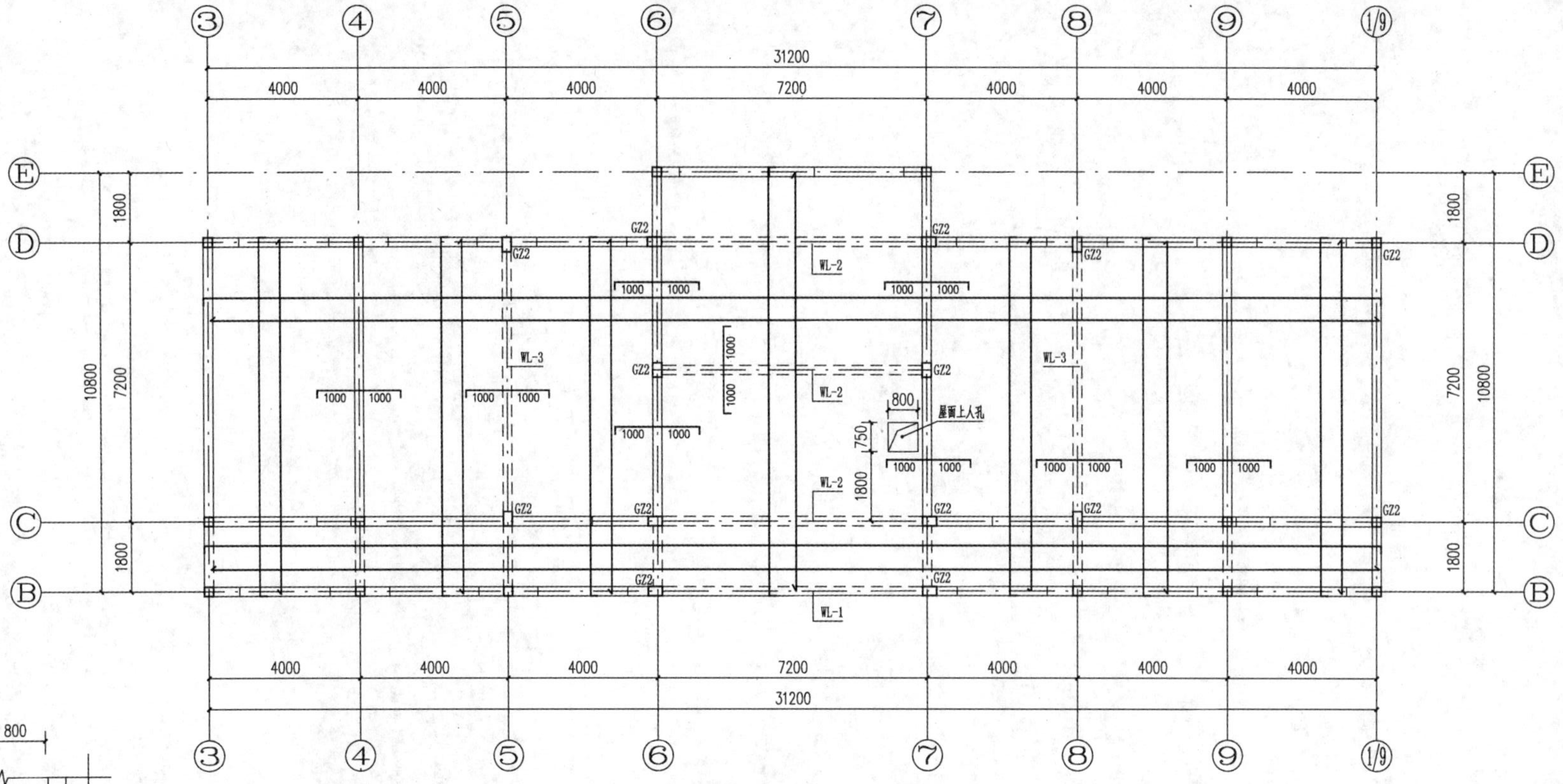

屋面结构平面图 1:100

10.200

注：(1)未注明板厚为120mm。
(2)未注明构造柱均为GZ-1，角部所有构造柱均为GZ-2；承重墙均为240mm厚，轴线居墙中，涂色处为QL。
(3)未标注钢筋均为⌀8@200。

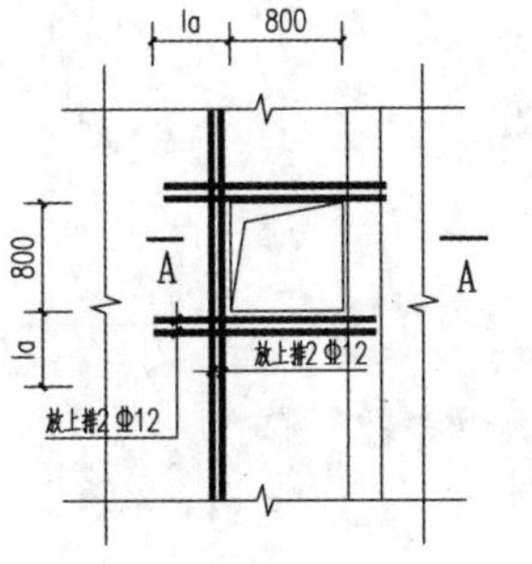

① 楼面上人孔

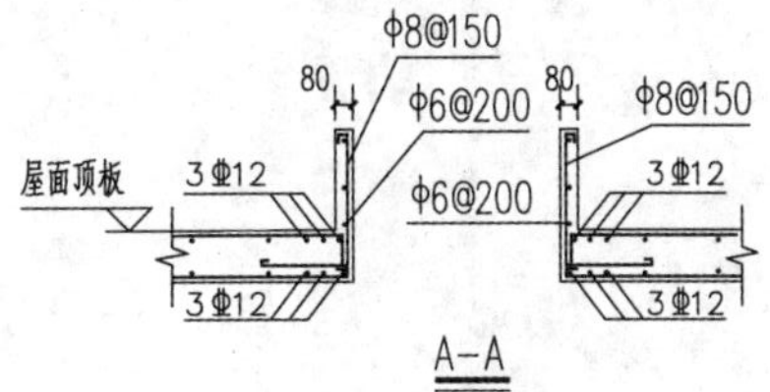

A—A

注：用于屋面

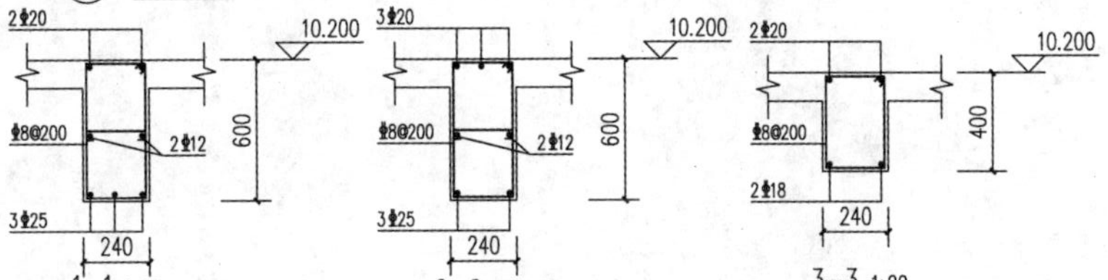

1—1 1:20 2—2 1:20 3—3 1:20

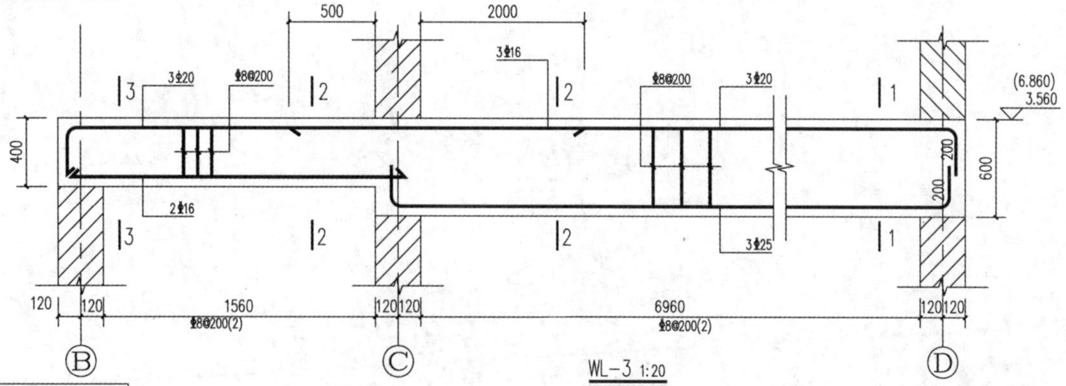

WL-3 1:20

屋面梁表

编号	BXH	①号钢筋	②号钢筋	③号钢筋	④号钢筋	梁总长/mm	跨数	梁顶标高/m	备注
WL-1	240X600	2⌀12	3⌀22	2⌀12	⌀8@200(2)	7440	1	同楼板	简支梁
WL-2	240X600	2⌀12	5⌀25 2/3	2⌀12	⌀8@200(2)	7440	1	同楼板	简支梁

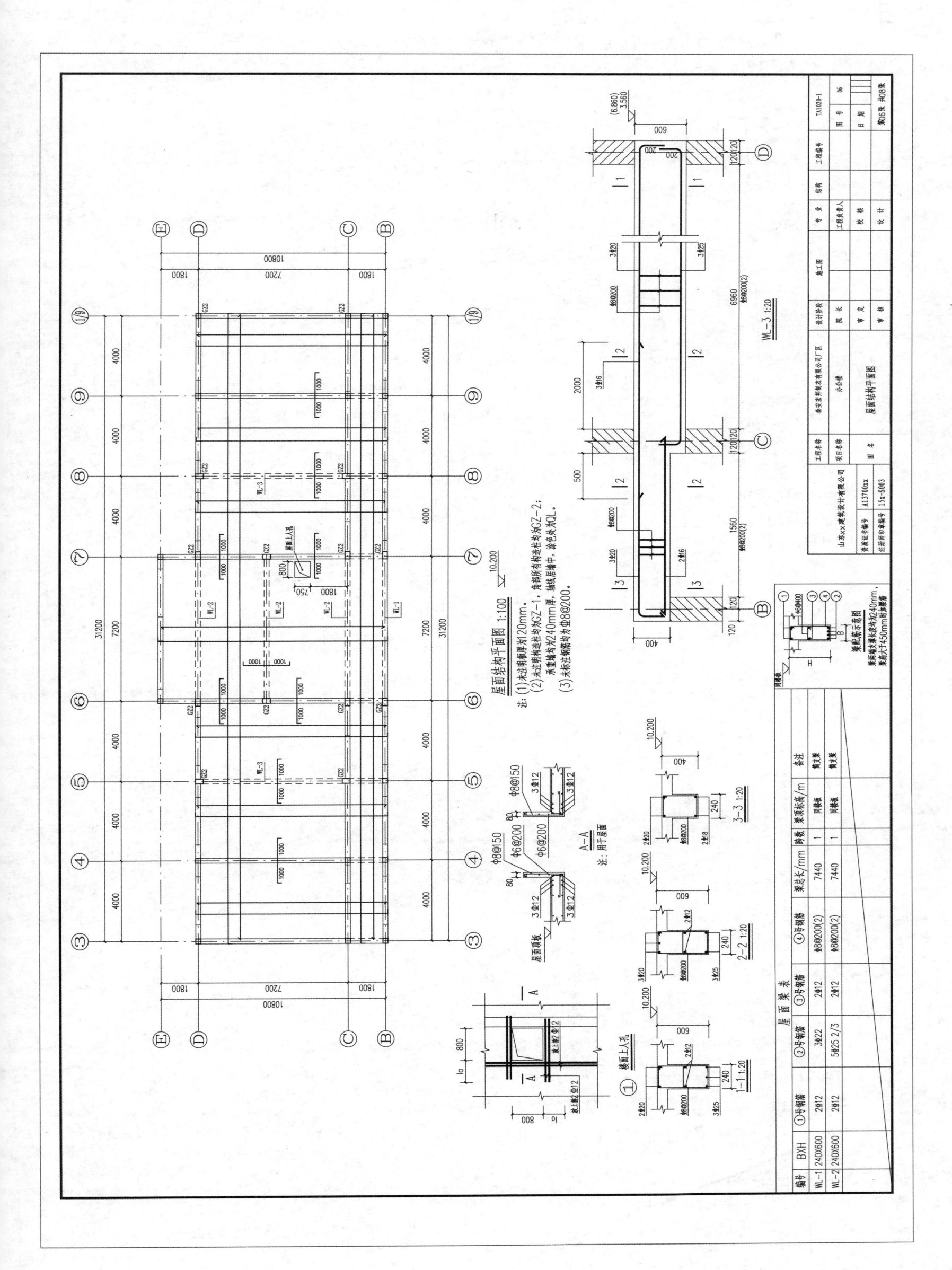

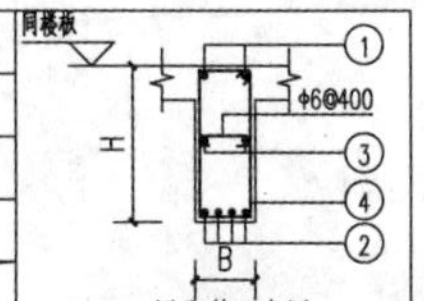

梁配筋示意图

梁两端支撑长度均为240mm，梁高大于450mm时加腰筋

山东xx建筑设计有限公司	工程名称	泰安宏邦制衣有限公司厂区	设计阶段	施工图	专业 结构	工程编号	TA1020-1
	项目名称	办公楼	院长		工程负责人	图号	06
资质证书编号 A13700xx	图名	屋面结构平面图	审定		校核	日期	
注册师印章编号 15x-S003			审核		设计	第06张 共08张	

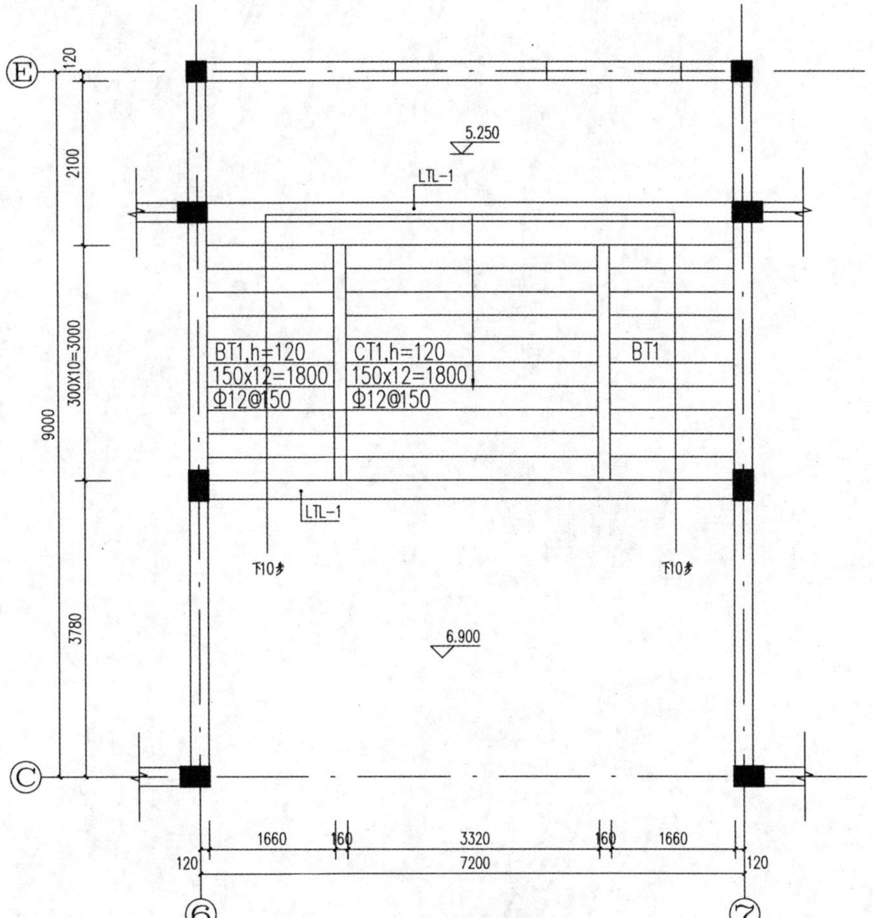

楼梯三层平面图 1:50

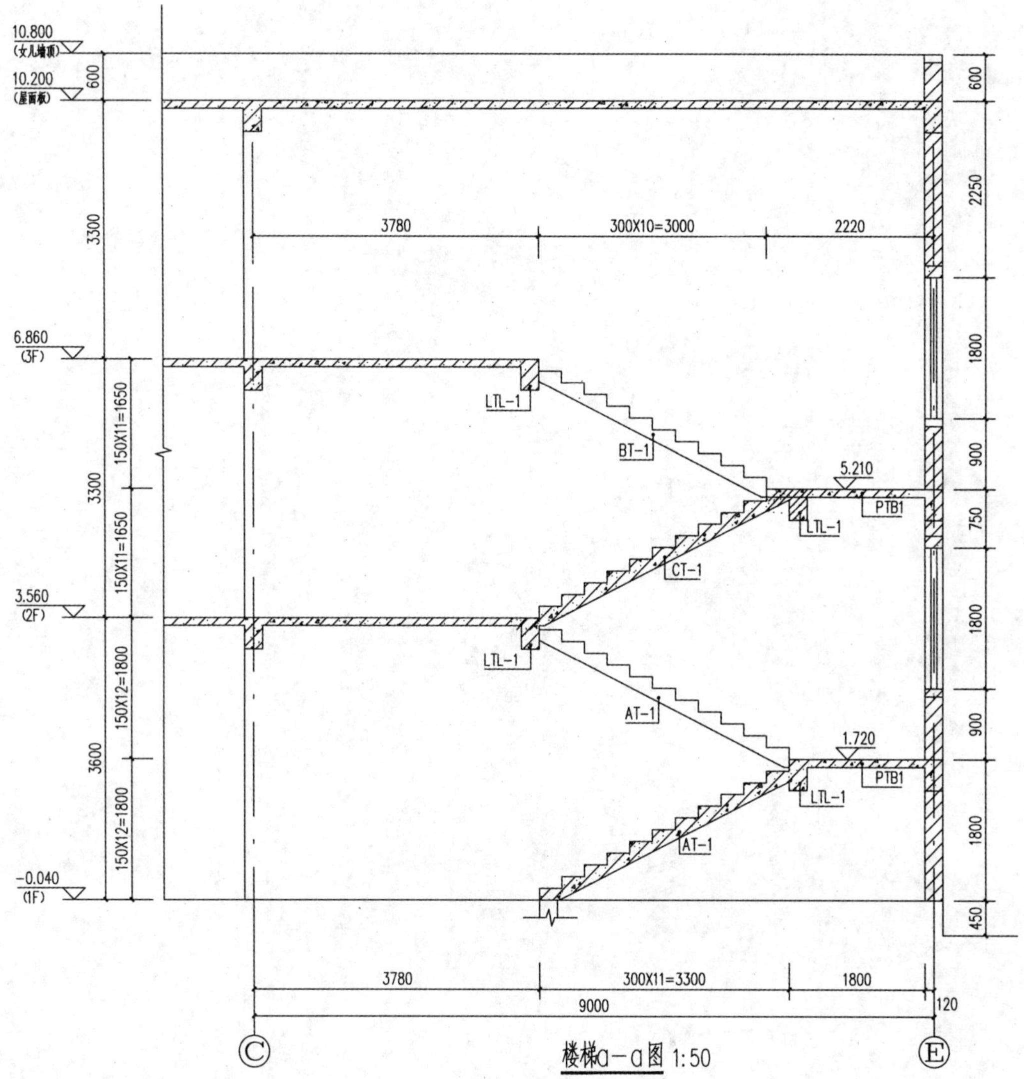

楼梯a−a图 1:50

注：(1)楼梯采用平法标注，详见图集03G101−2。
(2)图中标高为外结构标高。
(3)图中未注明的板内分布钢筋为Φ8@200。
(4)所有楼梯休息平台板均为100mm厚，
配筋双层双向Φ10@200钢筋混凝土板。
(5)所有楼梯板负筋拉通。
(6)未注明梁截面尺寸与配筋，详见平面图。
(7)楼梯施工应配合各专业图纸施工。

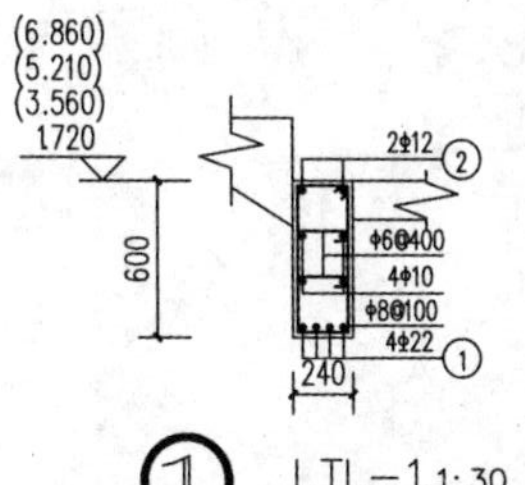

① LTL−1 1:30

山东xx建筑设计有限公司	工程名称	泰安宏邦制衣有限公司厂区	设计阶段	施工图	专业	结构	工程编号	TA1020-1	
	项目名称	办公楼	院长		工程负责人			图号	07
资质证书编号	A13700xx	图名	楼梯三层平面图 楼梯a−a图	审定		校核		日期	
注册师印章编号	15x-S003			审核		设计		第07张共08张	

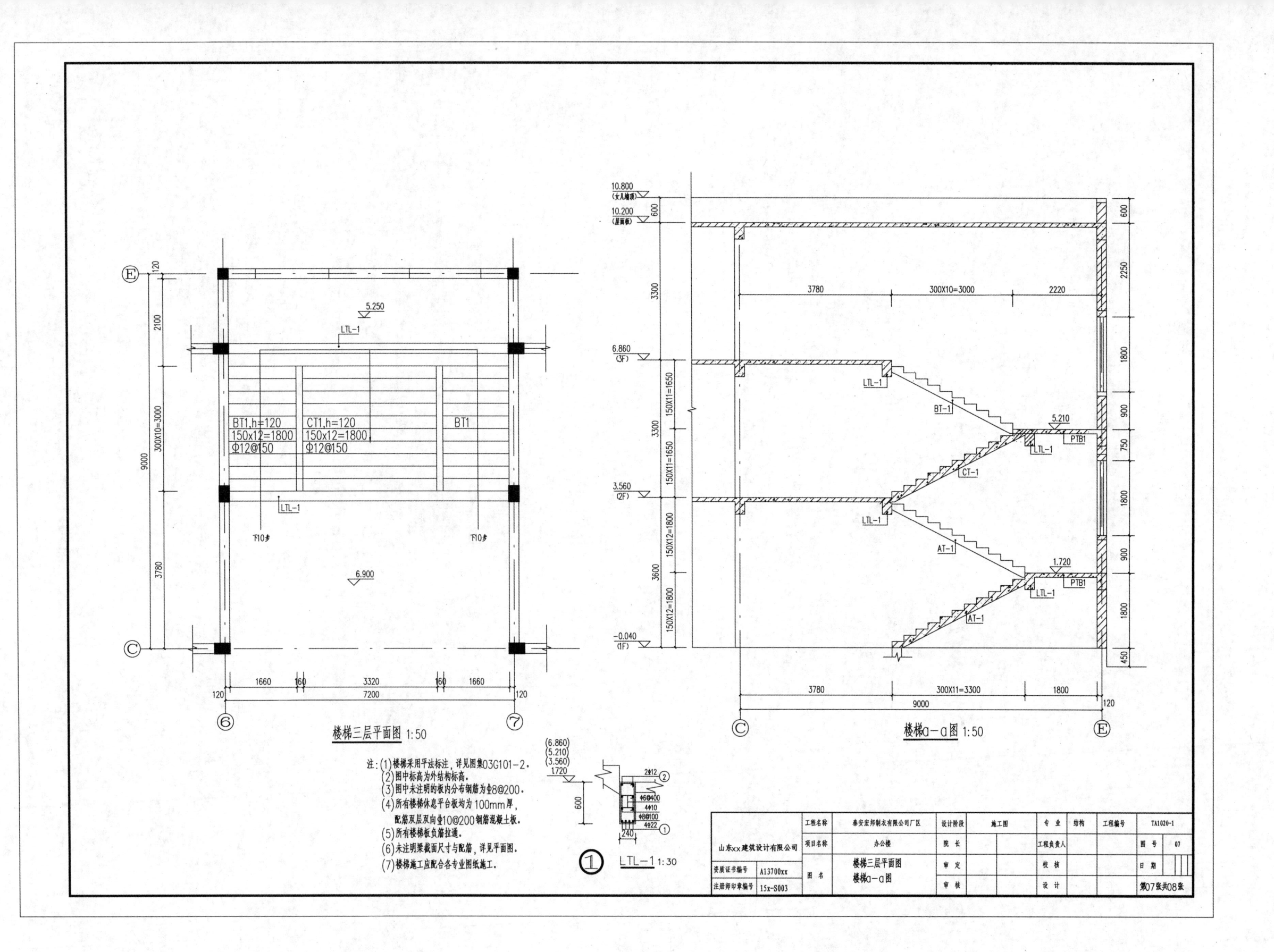

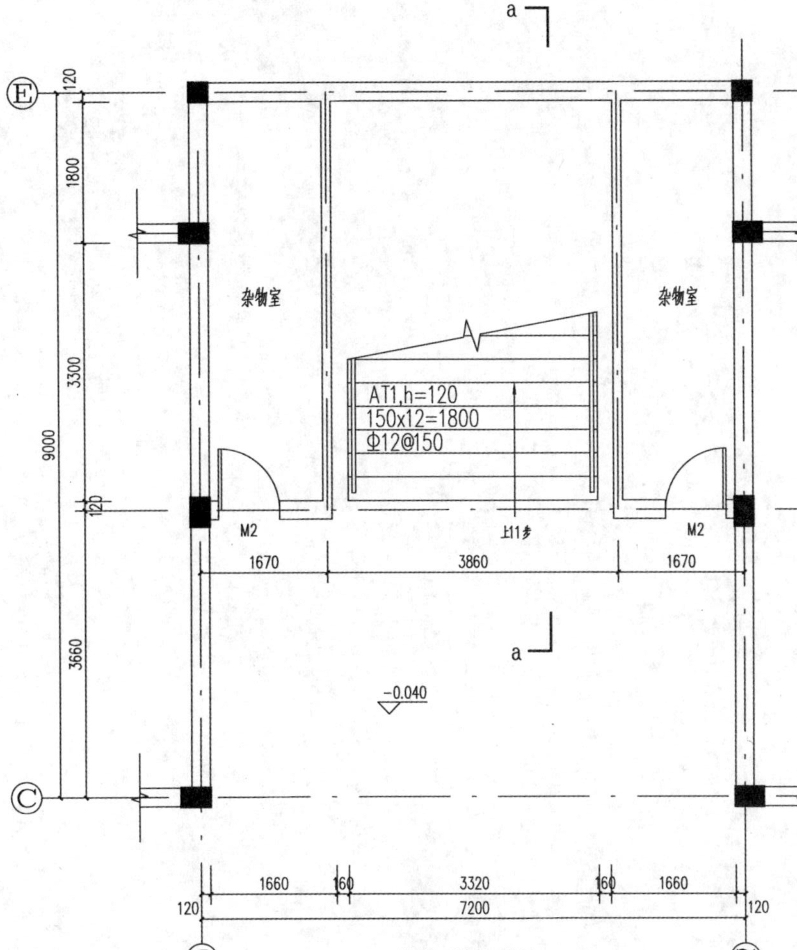

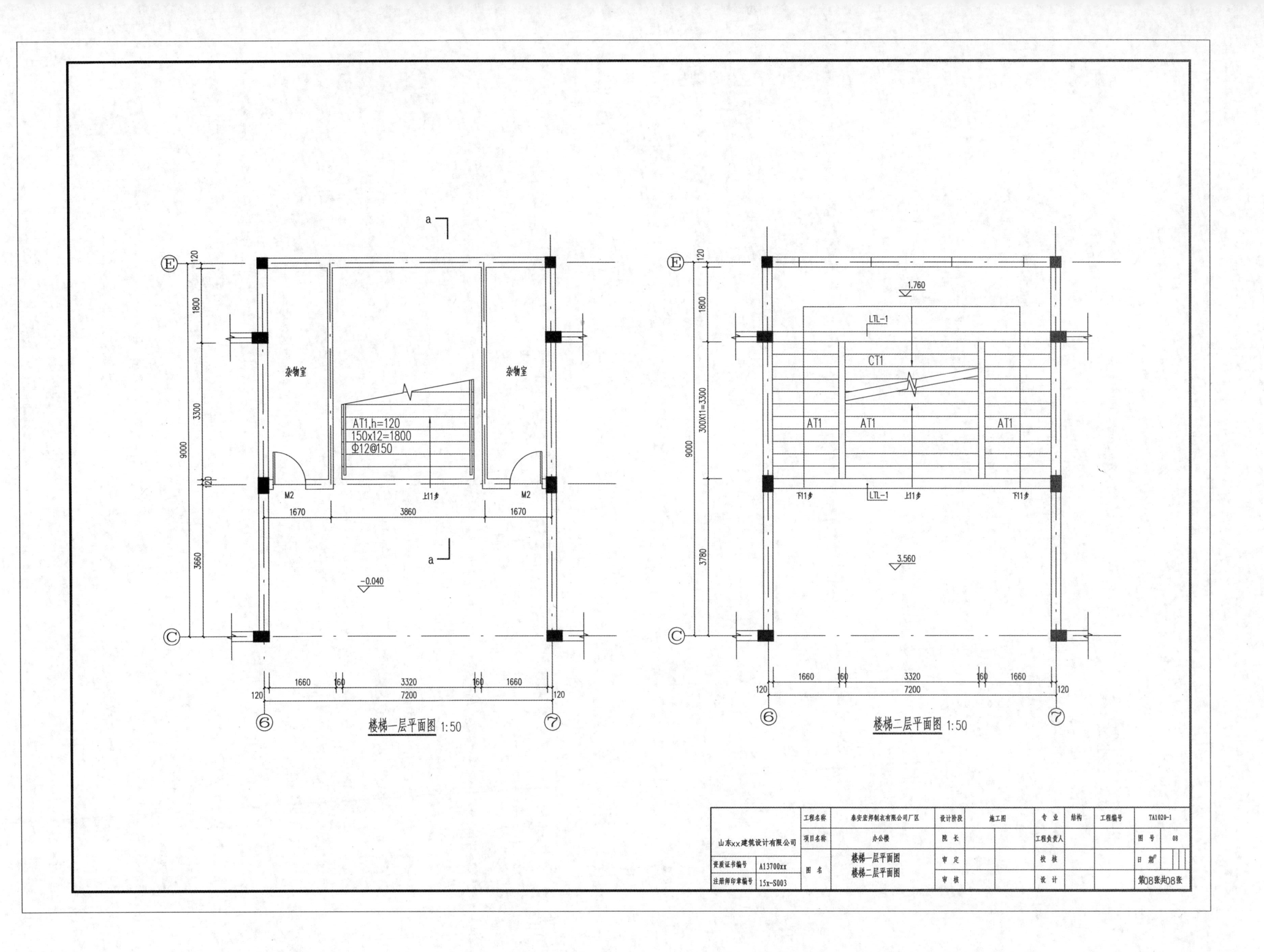

楼梯一层平面图 1:50

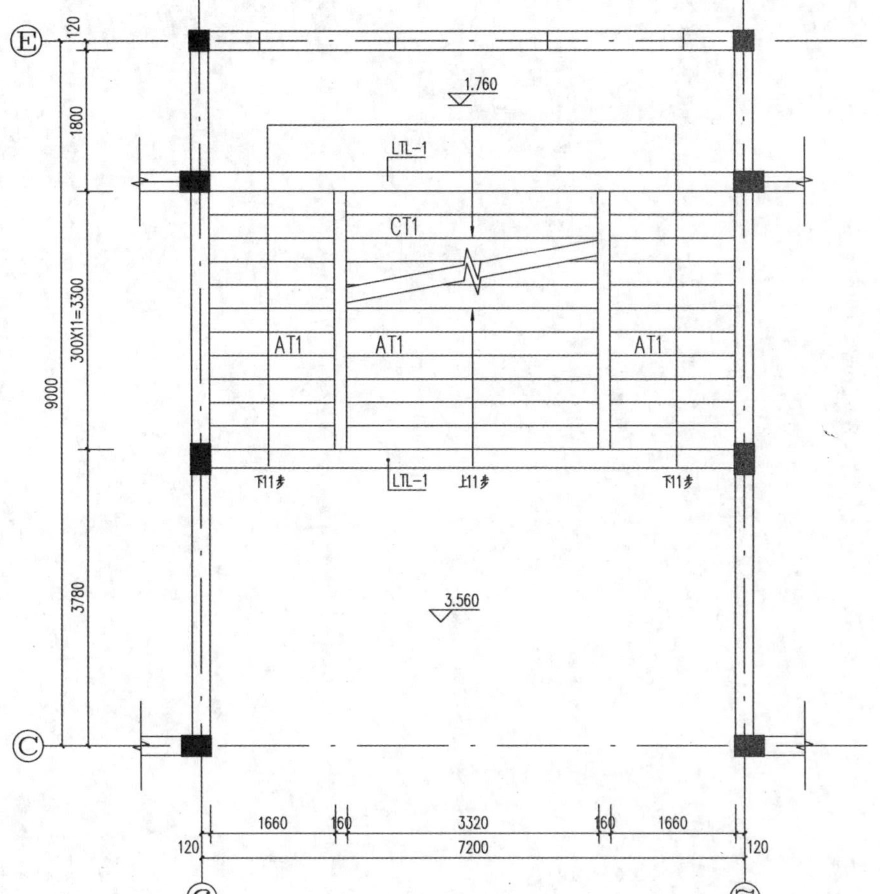

楼梯二层平面图 1:50

山东xx建筑设计有限公司		工程名称	泰安宏邦制衣有限公司厂区	设计阶段	施工图	专 业	结构	工程编号	TA1020-1
		项目名称	办公楼	院 长		工程负责人		图 号	08
资质证书编号	A13700xx	图 名	楼梯一层平面图 楼梯二层平面图	审 定		校 核		日 期	
注册师印章编号	15x-S003			审 核		设 计		第08张共08张	